信用事業に携わる農・漁協職員のための

印紙税取扱いマニュアル
最新版

協同セミナー講師・税理士
松本繁雄　本田純二

近代セールス社

は　し　が　き

　農協，漁協等が信用事業，経済事業，共済事業などの各部門において作成する契約書，帳票等の文書は，その種類，枚数ともぼう大な数にのぼりますが，これらの文書にかかる印紙税の取扱いについて正確に判断できる担当者は極めて少ないものと思われます。

　印紙税は文書課税ですから，作成された文書について，その形式，および記載内容などを検討したうえで，その課否判断をすればよいわけですが，その課否判断に当たっては単に印紙税に関する法令および通達を熟知しているだけでは足りず，その文書が「何の契約書に該当するか」という文書の法律的性格や，その使用目的などについても正確に理解できてないと判断を誤ることになります。印紙税が大変難解な税金であるといわれる理由もこの辺にあるといえます。

　協同セミナーには，最近，系統団体から印紙税について数多くの質問，照会が寄せられてきますが，これら照会等の中には，担当者の印紙税に関する理解不足から本来的には不課税であるべき文書までが，課税対象となったり，また税務当局から課税上の疑義をもたれたりしている事例が少なくありません。

　本書は，農協，漁協等で作成される文書のうち，主として信用事業に関連した文書に係る印紙税の取扱いについて，関係法令，通達および取扱先例を解説すると同時に，これまでに照会があった文書のうちから数多く寄せられた事例ならびに誤りやすい事例等を取り上げ，その課否判断および理由をできるだけやさしく解説したものです。

　農協，漁協等において，貯金，貸出，為替等の実務およびシステム設計を担当されている職員の方々が，研修会等のテキストとして，また日常業務を行ううえでの参考資料として本書を十分活用され，印紙税についての理解を深めていただければ幸です。

なお，本書の作成にあたり監修をいただきました国税庁間税部消費税課の担当官の皆様に，深く感謝の意を表する次第であります。

　　昭和60年6月

協同セミナー
税務相談室長　松　本　繁　雄

　平成元年4月1日から印紙税法が一部改正されたのを受けて，本書の内容を全面的に見直し，大幅な加筆，削除，訂正を加えたほか，新たに疑義のもたれる様式を多数追加するなど，一段と充実を図りました。
　本書の改訂に当たり，再監修いただきました国税庁間税部消費税課の担当官の皆様に重ねて厚くお礼申し上げます。

　　平成2年3月

著　者

　平成26年4月1日に印紙税法が一部改正されたことを受けて，本書の内容を全面的に見直すとともに，本田純二税理士（元国税庁消費税課課長補佐＜印紙税担当＞）のご協力（共同執筆）を得て，最近における農漁協系統機関からの疑義相談事例を基に事例の追加，削除を行い，また様式変更等を加え，更に内容の充実を図りました。

　　平成26年6月

松　本　繁　雄

目　　次

基本編① 印紙税のあらまし

1 印紙税課税のしくみ …………………………………………… 16
　1．印紙税が課税される文書…………………………………… 16
　2．課税文書になるかどうかの判断…………………………… 16
　3．他の文書を引用している文書の判断……………………… 17
　4．「一の文書」の意義………………………………………… 18
　5．証書兼用通帳の取扱い等…………………………………… 19
　6．文書の所属の決定…………………………………………… 19

2 契約書の取扱い ………………………………………………… 24
　1．契約書とは…………………………………………………… 24
　2．変更契約書等の取扱い……………………………………… 25
　3．申込書,依頼書等と表示された文書の取扱い …………… 27
　4．契約書の写し,副本,謄本等 ……………………………… 28
　5．契約当事者以外の者に提出する文書……………………… 28
　6．公金の取扱いに関する文書………………………………… 29

3 記載金額 ………………………………………………………… 30
　1．契約金額とは………………………………………………… 30
　2．記載金額の計算……………………………………………… 30

4 納税義務者 ……………………………………………………… 36
　1．作成者とは…………………………………………………… 36
　2．手形の作成者………………………………………………… 36
　3．通帳の作成…………………………………………………… 36
　4．追記により課税文書の作成とみなされる場合…………… 36
　5．通帳等への付け込みが課税文書の作成とみなされる場合………… 37

5 その他の文書の取扱い ……………………………………… 39
 1. 共同作成した文書 ………………………………………… 39
 2. 同一法人内で作成する文書 ……………………………… 39
 3. 納付方法等 ………………………………………………… 40
 4. 印紙税を納付しなかった場合 …………………………… 40

基本編② 課税物件の内容

1 不動産等の譲渡に関する契約書（第1号の1文書）……… 42
 1. 物件名 ……………………………………………………… 42
 2. 定義 ………………………………………………………… 42
 3. 課税標準および税率 ……………………………………… 42
 4. 非課税物件 ………………………………………………… 43
 5. 課税文書の具体例 ………………………………………… 44
 6. 留意事項 …………………………………………………… 44

2 消費貸借契約に関する契約書（第1号の3文書）………… 47
 1. 消費貸借の意義 …………………………………………… 47
 2. 課税標準および税率 ……………………………………… 47
 3. 非課税物件 ………………………………………………… 48
 4. 課税文書の具体例 ………………………………………… 48
 5. 留意事項 …………………………………………………… 48

3 請負に関する契約書（第2号文書）………………………… 53
 1. 請負契約の意義 …………………………………………… 53
 2. 課税標準および税率 ……………………………………… 53
 3. 非課税物件 ………………………………………………… 55
 4. 課税文書の具体例 ………………………………………… 55
 5. 留意事項 …………………………………………………… 56

4 約束手形,為替手形（第3号文書）………………………… 59

1. 約束手形,為替手形の意義 ……………………………… 59
　　2. 課税標準および税率 ……………………………………… 59
　　3. 非課税物件 ………………………………………………… 61
　　4. 留意事項 …………………………………………………… 61
5 **継続的取引の基本となる契約書（第7号文書）** ………… 63
　　1. 継続的取引の基本となる契約書の意義 ……………… 63
　　2. 課税標準および税率 ……………………………………… 64
　　3. 非課税物件 ………………………………………………… 64
　　4. 課税文書の具体例 ………………………………………… 64
　　5. 留意事項 …………………………………………………… 65
6 **預貯金証書（第8号文書）** ………………………………… 70
　　1. 預貯金証書の意義 ………………………………………… 70
　　2. 課税標準および税率 ……………………………………… 70
　　3. 非課税物件 ………………………………………………… 70
　　4. 留意事項 …………………………………………………… 70
7 **債務の保証に関する契約書（第13号文書）** …………… 72
　　1. 債務の保証の意義 ………………………………………… 72
　　2. 課税標準および税率 ……………………………………… 72
　　3. 非課税物件 ………………………………………………… 72
　　4. 課税文書の具体例 ………………………………………… 72
　　5. 留意事項 …………………………………………………… 72
8 **金銭又は有価証券の寄託に関する契約書（第14号文書）** ……… 75
　　1. 寄託の意義 ………………………………………………… 75
　　2. 課税標準および税率 ……………………………………… 75
　　3. 非課税物件 ………………………………………………… 75
　　4. 課税文書の具体例 ………………………………………… 75
　　5. 留意事項 …………………………………………………… 75
9 **債権譲渡又は債務引受けに関する契約書（第15号文書）** ……… 82

1. 物件名 …………………………………………………… 82
　2. 債権譲渡等の定義 ……………………………………… 82
　3. 課税標準および税率 …………………………………… 82
　4. 非課税物件 ……………………………………………… 82
　5. 課税文書の具体例 ……………………………………… 82
　6. 留意事項 ………………………………………………… 82
⑩　金銭又は有価証券の受取書（第17号文書）………………… 84
　1. 物件名 …………………………………………………… 84
　2. 受取書の定義 …………………………………………… 84
　3. 課税標準および税率 …………………………………… 85
　4. 非課税物件 ……………………………………………… 86
　5. 課税文書の具体例 ……………………………………… 88
　6. 留意事項 ………………………………………………… 89
⑪　預貯金通帳等（第18号文書）……………………………… 104
　1. 物件名 ………………………………………………… 104
　2. 定義 …………………………………………………… 104
　3. 課税標準および税率 ………………………………… 104
　4. 非課税物件 …………………………………………… 104
　5. 留意事項 ……………………………………………… 106
⑫　金銭又は有価証券の受取通帳等（第19号文書）………… 109
　1. 物件名 ………………………………………………… 109
　2. 受取通帳等の意義 …………………………………… 109
　3. 課税標準および税率 ………………………………… 109
　4. 非課税物件 …………………………………………… 109
　5. 課税文書の具体例 …………………………………… 110
　6. 留意事項 ……………………………………………… 110
⑬　判取帳（第20号文書）……………………………………… 114
　1. 判取帳の意義 ………………………………………… 114

2. 課税標準および税率 …………………………………………… 114
3. 非課税物件 …………………………………………………… 114
4. 留意事項 ……………………………………………………… 114

事例編① 貯金関係文書の取扱い

1. 貯金ネット取引に関する契約書……………………………… 116
2. 貯金証書（通帳）の預り証…………………………………… 118
3. 貯金口座振替依頼書…………………………………………… 119
4. マイカーローン口座振替依頼書……………………………… 121
5. 債務保証料振替決済契約書…………………………………… 123
6. 口座振替開始通知書…………………………………………… 125
7. 貯金袋受取証…………………………………………………… 127
8. 貯金受払報告書………………………………………………… 129
9. 貯金受入通知書………………………………………………… 131
10. 貯金予約申込書………………………………………………… 133
11. 貯金予約カード………………………………………………… 134
12. 年金お受取り予約カード……………………………………… 135
13. ＡＴＭによる定期貯金振替え………………………………… 136
14. キャッシュカード発行申込書………………………………… 137
15. 総合口座通帳（兼カードローン通帳）……………………… 138
16. 相続貯金の受取書……………………………………………… 140
17. 当座勘定貸越約定書…………………………………………… 141
18. 特殊当座勘定借越約定書……………………………………… 143
19. 受取書…………………………………………………………… 145
20. 受取書喪失届（兼受領書）…………………………………… 148
21. 残高確認書……………………………………………………… 150
22. グリーンライン変更契約書（特殊当座勘定貸越変更契約書）…… 151

㉓	こども貯金の集金袋………………………………………	153
㉔	共済掛金振替済（領収）のお知らせ…………………	154
㉕	貯金受取書（その1）……………………………………	155
㉖	貯金受取書（その2）……………………………………	157
㉗	貯金受取書（その3）……………………………………	158
㉘	貯金入金受取証……………………………………………	160
㉙	通知貯金申込書……………………………………………	161
㉚	再発行貯金通帳受取書……………………………………	162
㉛	当座勘定取引申込書………………………………………	163
㉜	当座貯金入金票……………………………………………	165
㉝	当座勘定決算通知書………………………………………	166
㉞	貯金引落依頼書……………………………………………	167
㉟	当座勘定入金帳……………………………………………	168
㊱	貯金お取引ご明細…………………………………………	170
㊲	総合口座取引報告書………………………………………	171
㊳	普通貯金入金帳……………………………………………	172
㊴	未記帳照合書………………………………………………	174
㊵	当座勘定取引先死亡に伴う念書…………………………	175
㊶	当座勘定照合表……………………………………………	177
㊷	当座勘定取引通知書………………………………………	178
㊸	未記帳取引照合表…………………………………………	179
㊹	当座勘定受払通知書………………………………………	180
㊺	定期貯金申込書……………………………………………	181
㊻	定期貯金書替継続申込書…………………………………	183
㊼	定期性貯金お取引ご明細…………………………………	184
㊽	自動継続定期貯金・未記帳通知書………………………	185
㊾	満期のご案内………………………………………………	186
㊿	定期積金利息計算書………………………………………	187

51	定期貯金利息計算書（非自動継続用）（その1）………………	188
52	定期貯金利息計算書（非自動継続用）（その2）………………	189
53	定期貯金利息計算書（自動継続用）…………………………………	191
54	変動金利定期貯金・利率変更通知書（兼中間払通知書）………	192
55	希望貯金振替のご案内………………………………………………	193
56	自動継続定期貯金満期のご案内……………………………………	194
57	定期貯金継続のお知らせ……………………………………………	196
58	定期貯金中間利払のお知らせ………………………………………	197
59	定期貯金取引報告書（通帳）………………………………………	198
60	定期貯金取引未記帳照合表…………………………………………	199
61	定期積金申込書………………………………………………………	200
62	定期積金入金票………………………………………………………	201
63	定期積金仮受取証……………………………………………………	203
64	定期積金自動解約処理明細票………………………………………	205
65	定期積金証書…………………………………………………………	206
66	積立定期貯金解約票…………………………………………………	207
67	積立定期貯金利息計算書……………………………………………	208
68	スウィングサービス依頼書…………………………………………	209

事例編② 為替関係文書の取扱い

1	貯金入金通知書………………………………………………………	212
2	振込ご入金のお知らせ………………………………………………	213
3	代金取立手形預り証…………………………………………………	214
4	振込入金受取書………………………………………………………	215
5	為替振込通帳…………………………………………………………	216
6	振込受付書……………………………………………………………	218
7	振込金受取書…………………………………………………………	220

⑧ 振込金受取書・振込受付書	221
⑨ 貯金口座振替依頼書	223
⑩ 自動決済および決済勘定借越契約書	225
⑪ 国税の口座振替納付に関する契約書	228
⑫ 日本電信電話株式会社収入金収納事務取扱いに関する事務委託契約書	230
⑬ SEサービス注文書	232
⑭ 電算処理業務委託契約書	234
⑮ 業務提携に関する同意書	236
⑯ 磁気テープ交換によるセンター自動振替に関する基本契約書	238
⑰ 月払共済掛金領収帳	240
⑱ 全県農協メールの輸送料に関する覚書の一部改正契約書	242
⑲ 観光代金振替引落決済約定書	244
⑳ 勤労者財産形成貯金の事務取扱に関する契約書	246
㉑ 店舗外現金自動設備の共同利用に関する契約書	248
㉒ 農協購買品売買基本契約書	250
㉓ 自動販売機取引基本契約書	254
㉔ カード補償情報センター利用にかかる業務委託契約	256

事例編③　貸出関係文書の取扱い

① 借入申込書（その1）	260
② 借入申込書（その2）	262
③ 借入手続のご案内	264
④ 農協クローバローン借入申込書	266
⑤ クローバローン繰上げ返済申込書	268
⑥ 貸付条件変更通知書	270
⑦ 条件変更申請書	272
⑧ 承諾書	274

9	借入金期限前償還承諾請求書	276
10	農畜産物販売代金相殺約定書	278
11	手形取引約定書	280
12	農協取引約定書	282
13	債権管理回収業務委託基本契約書	284
14	債権管理回収業務委託個別契約書	286
15	組合員勘定取引約定書	287
16	借入金償還についての念書	291
17	債務確認の念証	293
18	農協取引約定書の変更証書	295
19	念書	298
20	債務承認書(その1)	299
21	債務承認書(その2)	300
22	審査結果の通知	302
23	融資証明書	304
24	手形貸付計算書	305
25	手形書替通知	306
26	貸付金入金通知書	307
27	貸出金計算書	308
28	証書貸付利息計算書	309
29	貸付金引落通知書	311
30	貸付金利息計算書	312
31	住宅金融支援機構貸付利息計算書	313
32	貸付留保金利息計算書	314
33	貸付金償還のご案内	315
34	償還済の借用証書送付書	316
35	償還済の押印をした金銭借用証書	317
36	償還済手形の受取書	319

37	貸付金完済証明書	320
38	手形割引料計算書	322
39	割引手形入金通知書	323
40	割引手形引落通知書	324
41	割引手形計算書	325
42	割引手形の明細	326
43	農業改良資金事務委託契約書	327
44	当座借越約定変更申込書	329
45	貸越利息計算書	331
46	総合口座貸越利息計算書	332
47	貸越利息計算書	333
48	手形借入約定書兼貯金担保差入証	334
49	担保差入証	336
50	抵当権設定契約証書（その1）	337
51	抵当権設定契約証書（その2）	339
52	抵当権変更契約証書	341
53	根抵当権変更契約証書	343
54	譲渡担保設定契約証書	345
55	担保差入証（その1）	347
56	担保差入証（その2）	349
57	個人情報の保護に関する契約書	351
58	根抵当権譲渡契約証書	353
59	担保品預り証	355
60	担保品預り通帳	357
61	担保物件差替申請書	359
62	抵当権設定に関する念証	360
63	担保定期貯金継続依頼書	362
64	抵当権設定証書預り証	364

65	保証意思確認書	365
66	保証変更に関する同意書	368
67	譲渡担保権・抵当権及び質権設定承諾申請書	370
68	連帯保証人の代位弁済証書	372
69	代物弁済契約証書	374
70	譲渡代金返還請求権質権設定承認申請書	376
71	通知書	378
72	事務委託に関する契約書	380

印紙税額一覧表 382

<凡　　例>

法	印紙税法（昭和42年法律第23号）
令	印紙税法施行令（昭和42年政令第108号）
規　則	印紙税法施行規則（昭和42年大蔵省令第19号）
基　通	印紙税法基本通達（昭和52年4月7日付間消1－36ほか3課共同国税庁長官通達）
課税物件表	印紙税法別表第1の課税物件表
通　則	印紙税法別表第1の課税物件表の適用に関する通則
第1号文書	課税物件表の第1号に掲げられている文書
課税文書	課税物件表に掲げられている文書のうち，非課税文書に該当しない文書（課税される文書）
非課税文書	課税物件表に掲げられている文書のうち，次のいずれかに該当する文書（課税されない文書） ①課税物件表の非課税物件欄に規定する文書 ②国，地方公共団体及び法別表第2に掲げる者が作成する文書 ③法別表第3の上欄に掲げる文書で同表の下欄に掲げる者が作成するもの ④特別の法律により非課税とされる文書
不課税文書	課税物件表に掲げられていない文書（課税されない文書）
課税事項	課税物件表の課税物件欄に掲げる文書により証されるべき事項

基本編①

印紙税のあらまし

1 印紙税課税のしくみ

1. 印紙税が課税される文書

　印紙税を納めなければならない文書,すなわち印紙税の課税対象となる文書は,印紙税法の別表第1課税物件表の課税物件欄に掲げられた第1号から第20号までに該当するもので,しかも当事者の間において課税事項を証明する目的で作成されたものに限られる（基通第2条）。

　したがって,課税物件表の課税物件欄に掲げられていない文書については,たとえ当事者にとってどんな重要な内容の文書であっても課税対象にはならない。また,課税事項が記載された文書であっても,その課税事項を証明する目的以外の目的で作成された文書は課税文書とはならない。

　たとえば,貯金払戻請求書は,農協等にとって,貯金者が貯金の払戻しを受けたこと,すなわち貯金者が金銭を受領したことを証明する効果を有する文書であるが,貯金者はその文書を貯金の払戻しの請求をする目的で作成したものであって,貯金の払戻し（金銭の受領）を受けたことを証明する目的で作成したものでないので「金銭の受取書」には該当しないこととされている（基通別表第1第17号文書5）。

　なお,課税事項を証明する目的で作成された文書であるかどうかの目的判断は,作成者の恣意的な判断をいうものではなく,その文書の形式,内容等から客観的に行うものであるから,文書上で明確に表現しておくことが大切である。

2. 課税文書になるかどうかの判断

　契約書のような文書は,その形式,内容とも作成者の自由にまかされているところから,その内容には種々の事項が織り込まれている。そこで文書が課税文書に該当するかどうかは,文書の全体を一つとして判断するだけではなく,その文書に記載されている個々の内容のすべてについて検討し,その事項の中に課税事項が含まれていれば,その文書は課税文書と判定されるこ

とになる。

　たとえば，「金100万円を受取りました」と記載された文書は，金銭の受領事実だけが記載されているから通常第17号文書（金銭の受取書）として取扱われる。しかしこの文書に，金銭の受領事実とともに返還期日，返還方法，利率などが記載されると，もはや単なる金銭の受領書ではなく，借用証書として作成されたことが文書上からも明らかであるから，第1号の3文書として取扱われることになる。

　次に，文書の内容判断は，通常はその文書に表わされている事項だけで行うのが原則であるが，ただ単に，文書の名称とか呼称，および形式的な記載文言によって判断するのではなく，そのような文言や符号等を用いることについての関係法令の規定，当事者間における了解，基本契約または慣習等の有無を加味したうえで，その文言，符号等の実質的な意義に基づいて行うことになっている。

　たとえば，売掛金の請求書に「了」とか「相済」などの表示をした場合は，その表示が当事者間において売掛金の領収を意味することを了解しているのであれば，その文書は金銭の受取書に該当することになる。

3. 他の文書を引用している文書の判断

　契約書のような文書には，その文書の内容を特定するために他の文書を引用する場合がある。たとえば，「〇月〇日付の注文書のとおりお請けします」とか，「〇月〇日付金銭借用証書に基づく債務額金〇〇円也について……」というものである。このように文書の内容に原契約書，約款，見積書等その文書以外の他の文書の内容を引用した場合は，その引用されている他の文書の内容は，その文書に記載されているものとみなしてその文書の内容を判断し，課税文書に該当するかどうか，また何号文書に該当するかどうかを判断することになっている。

　なお，記載金額と契約期間については，原則としてその文書に記載されている記載金額および契約期間のみに基づいて判断し，他の文書を引用しない

こととしている。

　ただし，第1号文書，第2号文書及び第17号の1文書に係る記載金額については，他の文書の記載金額等を引用する場合があるので注意する（後述3「記載金額」の2のf以後を参照のこと）。

4.「一の文書」の意義

　印紙税法では，一の文書であれば，その内容に課税物件表の2以上の号の課税事項が記載されていても，そのうちの一つの事項の文書として印紙税が課されることになっている。また，作成された文書については，その文書の1通または1冊ごとに課税されるので，同一の取引について数通の課税文書を作成する場合には，その作成される数通の課税文書の全部が課税対象になる。

　この場合の「一の文書」とは，その形態からみて一個の文書と認められるものをいい，数枚をとじ合わせて契約されているものも「一の文書」として取扱われる。

　しかし，このような文書であっても，各別に記載証明されている部分がそれぞれ独立しており，たまたまとじ合わせているにすぎないと認められるものまで一の文書となるのではない。すなわち，作成時には一の文書の形態をとっているものであっても，後日切り離して行使したり保存したりするようなものは，その切り離して行使したり保存したりする部分ごとに各別の文書として取扱われることになる。

　なお，1枚または1つづりの用紙により作成された文書でも，その文書に各別に記載証明された部分の作成日付が異なるものは，後から作成された部分は，法第4条第3項の規定によって新たな課税文書が作成されたものとみなされる。したがって，このような文書は，最初に作成された部分について印紙税を納めるほか，後から作成された部分についても更に印紙税を納めなければならない。

　たとえば，原契約書のほかに附属覚書または附属協定書を同時に作成し，それらをとじ合わせ契印したものは一の文書として取扱われるが，作成日付

を異にして作成された文書は、たとえとじ合わせても各別の文書として印紙税の課否が判断されることになる。

5．証書兼用通帳の取扱い等

　証書と通帳の区分をする場合、一般的には、証書は1枚の用紙で作成されたものであり、通帳等とは2枚以上の紙数で作成されたものと解しているが、印紙税法上では、そのような紙数の単複によるのではなく、課税事項を1回限り記載証明する目的で作成されるか、継続的または連続的に記載証明する目的で作成されるかという文書の作成目的によって判断されている。

　証書兼用通帳の取扱いは、証書の作成時に通帳等への最初の付け込みがなされているかいないかによって異なることになる。すなわち、証書兼用通帳は、証書の作成時に通帳等への最初の付け込みがなされていないものは、たとえ通帳等への付け込み欄が設けられていても、いまだ通帳等の作成がなされていないので単なる証書として取扱われることになる。そして、後日、通帳等へ最初の付け込みをしたときに、はじめて通帳等の作成があったものとみなされ、結局、証書の部分にも通帳部分にも印紙の貼付が必要となる（もっとも、農協等の場合、貯金通帳等については印紙税が非課税となる）。

　一方、証書の作成と同時に通帳等への最初の付け込みがなされる文書は、通帳等として取扱われ、通帳等の課税だけでよいことになり（通則3の二）、農協等の作成する貯金通帳等は非課税となる。

6．文書の所属の決定

(1) 2以上の号に該当する文書の取扱い

　一の文書の内容に、課税物件表の2以上の号の課税事項が併記されていたり、または混合して記載されているものは、そのうちのいずれか1つの号の文書の1通または1冊として印紙税が課税される。そこでまず、どの号の課税事項が記載されているのかを判断し、これを通則3の規定によって一の号に所属を決定したうえ、その所属した号の文書に該当する印紙税を納付する

ことになる。

　一の文書に1もしくは2以上の号の課税事項またはその他の事項が記載されているものは、おおむね次の3つの形態に分類できる（基通第10条）。

　① その文書に課税物件表の2以上の号の課税事項が併記され、または混合して記載されている場合

>　＜例＞
>　① 不動産および債権売買契約書（第1号文書と第15号文書）

　② その文書に課税物件表の1または2以上の号の課税事項とその他の事項が併記されまたは混合して記載されている場合

>　＜例＞
>　① 土地売買および建物移転補償契約書（第1号の1文書）
>　② 保証契約のある消費貸借契約書（第1号の3文書）

　③ その文書に記載されている一の内容を有する事項が、課税物件表の2以上の号の課税事項に同時に該当する場合

>　＜例＞
>　① 継続する請負についての基本的な事項を定めた契約書（第2号文書と第7号文書）

(2) 2以上の号に該当する文書の所属の決定

　一の文書が課税物件表の2以上の号に掲げる文書に該当する場合には、通則3の規定によってその所属を決定したうえ、その所属が決定された号に掲げる文書に見合う印紙を貼付することになり、所属しなかった号に掲げる文書の部分については印紙を貼る必要はない。

(3) 所属の決定の具体例

　① 課税物件表の第1号に掲げる文書と同表第3号から第17号までに掲げる文書とに該当するもの（③又は④に該当するものを除く）→（第1号文書）

> <例>
> 不動産および債権売買契約書（第1号文書と第15号文書）

② 課税物件表の第2号に掲げる文書と同表第3号から第17号までに掲げる文書とに該当するもの（③又は④に該当するものを除く）→（第2号文書）

> <例>
> 工事請負およびその工事の手付金の受取事実を記載した契約書（第2号文書と第17号文書）

③ 課税物件表第1号または第2号に掲げる文書で契約金額の記載のないものと同表第7号に掲げる文書とに該当するもの→（第7号文書）

> <例>
> 継続する請負についての基本的な事項を定めた記載金額のない契約書（第2号文書と第7号文書）

④ 課税物件表の第1号または第2号に掲げる文書と同表第17号に掲げる文書とに該当する文書のうち，売上代金に係る受取金額（100万円を超えるものに限る）の記載があるもので，その金額が同表第1号もしくは第2号に掲げる文書に係る契約金額（その金額が2以上ある場合には，その合計額）を超えるものまたは同表第1号もしくは第2号に掲げる文書に係る契約金額の記載のないもの→（第17号の1文書）

> <例>
> 売掛金800万円のうち600万円を領収し，残額200万円を消費貸借とした文書（第1号文書と第17号文書）

⑤ 課税物件表の第1号に掲げる文書と同表第2号に掲げる文書とに該当するもの（⑥に該当する文書を除く）→（第1号文書）

＜例＞
　請負およびその代金の消費貸借契約（第1号文書と第2号文書）

⑥　課税物件表の第1号に掲げる文書と同表第2号に掲げる文書とに該当する文書で，それぞれの課税事項ごとの契約金額を区分することができ，かつ，同表第2号に掲げる文書についての契約金額が第1号に掲げる文書についての契約金額を超える文書→（第2号文書）

　＜例＞
　請負代金100万円，うち80万円を消費貸借の目的とすると記載された契約書（第1号文書と第2号文書）

⑦　課税物件表の第3号から第17号までの2以上の号に該当する文書（⑧に該当する文書を除く）→（最も号数の少ない号の文書）

　＜例＞
　継続する債権売買についての基本的な事項を定めた契約書（第7号文書と第15号文書）→第7号文書

⑧　課税物件表の第3号から第16号までに掲げる文書と同表第17号に掲げる文書とに該当する文書のうち，売上代金に係る受取金額（100万円を超えるものに限る）が記載されている文書→（第17号の1文書）

　＜例＞
　債権の売買代金200万円の受取事実を記載した債権売買契約書（第15号文書と第17号の1文書）

⑨　証書と通帳等とに該当する文書（⑩，⑪または⑫に該当する文書を除く）→（通帳等）

⑩　契約金額が10万円を超える課税物件表の第1号に掲げる文書と同表第19号または第20号に掲げる文書とに該当する文書→（第1号文書）

> <例>
> 契約金額が50万円の消費貸借契約とその消費貸借に係る金銭の返還金および利息の受取通帳（第1号文書と第19号文書）

⑪　契約金額が100万円を超える課税物件表の第2号に掲げる文書と同表第19号または第20号に掲げる文書に該当するもの→（第2号文書）

> <例>
> 契約金額が150万円の請負契約書とその代金の受取通帳（第2号文書と第19号文書）

⑫　売上代金の受取金額が100万円を超える課税物件表の第17号に掲げる文書と同表第19号または第20号に掲げる文書とに該当するもの→（第17号の1文書）

2 契約書の取扱い

1. 契約書とは

　課税物件表には，消費貸借に関する契約書，請負に関する契約書，寄託に関する契約書など多くの契約書が課税文書とされている。このため，印紙税の課否判断にあたっては，その文書が契約書に該当するかどうかの判定が重要になってくる。

　契約書とは，契約証書，協定書，約定書その他名称のいかん（たとえば注文請書，念書，売渡証書，承諾書，承認書など）を問わず，契約当事者の間で，契約（予約を含む）の成立・更改，内容の変更または補充の事実（以下「契約の成立等」という）を証明する目的で作成される文書をいい，契約の消滅の事実を証明する目的で作成される文書は含まれない。

　契約書は，このように契約の成立等を証明する目的で作成される文書をいうので，たとえば契約証書，協定書，約定書のように契約当事者の双方が共同して作成する文書はもちろんのこと，念書，請書のように契約当事者の一方のみが作成する文書や契約当事者の全部または一部の署名を欠く文書で，当事者間の了解または商慣習に基づき契約の成立等を証明する目的で作成されたものであれば契約書に該当する。なお，予約契約は本契約と全く同一に取扱われることになっている。

　また，予約と似た契約体系として停止条件や解除条件のついた契約があるが，こうした条件付の契約書も，当然印紙税の課税対象となる契約書に含まれる。

　なお，次のものは契約の成立等を証明する目的で作成されるものではないから，契約書には該当しない。

① 有価証券

　契約書とは，一般に契約の成立等を証明する目的で作成されるいわゆる証拠書類に属する文書を指称している。したがって，財産権を化体した手形，株券，社債券等のようないわゆる有価証券は，契約書に該当し

ないこととなる。

② 通帳類

契約書とは，課税事項を１回限り記載証明する目的で作成される文書をいう。したがって，課税事項を継続的または連続的に付け込み証明する目的で作成される通帳および判取帳は，法第４条第４項（課税文書の作成とみなす場合等）の規定によって契約書の作成とみなされる場合を除き，契約書に該当しないこととなる。

2. 変更契約書等の取扱い

原契約の内容を変更したり補充をしたりする契約書も，印紙税法上の契約書に該当する。このような変更契約，補充契約は，どの範囲までが課税文書に該当するかという疑問が多く出されるので，通常は，次に掲げる重要な事項またはこの重要な事項と密接に関連する事項についての変更または補充をする契約書を課税文書として取扱うことになっている。

そして，２以上の号に該当する重要事項が併記または混合記載されている場合は，原契約の所属の決定方法に準じて取扱われ課税されることになる。したがって，重要事項でない軽微な事項の変更および補充に関する契約書は課税されることはない。＜注＞

＜例＞
① 報酬月額および契約期間の記載がある清掃請負契約書（第２号文書と第７号文書に該当し，所属は第２号文書）の報酬月額を変更するもので，契約期間または報酬総額の記載のない契約書→第７号文書
② 報酬月額および契約期間の記載がある清掃請負契約書（第２号文書と第７号文書に該当し，所属は第２号文書）の報酬月額を変更するもので，契約期間または報酬総額の記載のある契約書→第２号文書
③ 契約金額の記載のない清掃請負契約書（第２号文書と第７号文書に該当し，所属は第７号文書）の報酬月額および契約期間を決定する契約書→第２号文書

また，原契の内容のうち課税事項に該当しない事項を補充する契約書で，

その補充に係る事項が原契約書の該当する課税物件表の号以外の号の重要な事項に該当するものは、当該契約書の該当する号以外の号に所属を決定することになっている。

> <例>
> 消費貸借契約書（第1号文書）に新たに連帯保証人の保証を付す契約書→第13号文書

> <注>
> 重要事項の一覧（抜粋）（基通別表第2）
> ① 第1号の3文書（消費貸借契約）
>   ・目的物の内容
>   ・目的物の引渡方法又は引渡期日
>   ・契約金額（数量）
>   ・利率又は利息金額
>   ・契約金額（数量）又は利息金額の返還（支払）方法又は返還（支払）期日
>   ・契約期間
>   ・契約に付される停止条件又は解除条件
>   ・債務不履行の場合の損害賠償の方法
> ② 第7号文書（継続的取引契約）
>   ・令第26条に掲げる区分に応じ、当該各号に掲げる要件
>   ・契約期間（令第26条各号に該当する文書を引用して契約期間を延長するものに限るものとし、当該延長する期間が3カ月以内であり、かつ更新に関する定めのないものを除く）
> ③ 第13号文書（債務保証契約）
>   ・保証する債務の内容
>   ・保証の種類
>   ・保証期間
>   ・保証債務の履行方法
>   ・契約に付される停止条件又は解除条件

④ **第14号文書**（寄託に関する契約）
- 目的物の内容
- 目的物の数量（金額）
- 目的物の引渡方法又は引渡期日
- 契約金額
- 契約金額の支払方法又は支払期日
- 利率又は利息金額
- 寄託期間
- 契約に付される停止条件又は解除条件
- 債務不履行の場合の損害賠償の方法

3. 申込書，依頼書等と表示された文書の取扱い

　契約は，申込みと当該申込みに対する承諾によって成立するのであるから，契約の申込みの事実を証明する目的で作成される単なる申込文書は契約書には該当しない。

　しかし，申込書，依頼書，注文書，通知書等（以下「申込書等」という）と表示された文書であっても，相手方の申込みに対する承諾事実を証明する目的で作成されるものは，契約書となる。

　このように契約の成立等を証明する目的で作成される文書は当然に契約書に該当することになるが，実務上，申込書等と表示された文書が契約書に該当するかどうかの判断はなかなか困難なので，その取扱い基準を取扱通達第21条において例示している。すなわち，申込書等と表示された文書であっても，次のような文書は，契約書として取扱われる。

(1) 契約当事者の間の基本契約書，規約または約款等に基づく申込みであることが記載されていて，一方の申込みにより自動的に契約が成立することとなっている場合における申込書等。ただし，契約が成立した場合は相手方当事者が別に請書等の契約書を作成することがその申込書等に記載されている場合は除かれる。

(2) あらかじめ見積書等を取り寄せている場合に，その見積書その他の契約

の相手方当事者の作成した文書等に基づく申込みであることが記載されている申込書等。ただし、契約の相手方当事者が別に請書等の契約書を作成することがその申込書等に記載されている場合には除かれる。
(3) 契約当事者双方の署名または押印があるもの。

4. 契約書の写し，副本，謄本等

　印紙税は，契約の成立等を証明する目的で作成された文書を課税対象とするものであり，契約自体を課税対象とするものではないので，1つの契約について契約書を数通作成すれば，その数通の契約書のすべてについて印紙税を納める必要がある。したがって，たとえ契約書の副本，謄本または写し等と表示されたものであっても，次のものは課税の対象となる。
　① 契約当事者の双方または一方の署名または押印があるもの
　② 正本（原本）と相違ないこと，または写し，副本，謄本であることの契約当事者の証明があったり，正本と割印をしたもの
　なお，自己の所持する文書に自己のみの押印があるものとか，契約書の正本を単にコピーしただけのものは対象にならない。
　また，仮契約と本契約の2度にわたって契約書が作成される場合であっても，それぞれに印紙税が課税されることになる。

5. 契約当事者以外の者に提出する文書

　契約書とは，契約当事者の間において，契約の成立等を証明する目的で作成される文書をいうのであるから，契約当事者以外の者に提出または交付する目的で作成される文書は，契約書には該当しない。
　契約当事者以外の者とは，たとえば監督官庁，融資銀行などその契約に直接関与しない者をいう。したがって，消費貸借契約における保証人，不動産売買契約における仲介人等は，課税事項の契約当事者ではないから，当該契約の成立等を証すべき文書の作成者とはならないが，その前提となる契約およびその契約に付随して行われる契約（たとえば保証契約）に参加している

ので，契約当事者に含まれることになる。

　したがって，これらの保証人や仲介人等の所持する契約書は課税されることになり，この契約書の納税義務は，消費貸借契約または不動産売買契約の成立等を証する者（借主，貸主，売渡人，譲受人）が負うことになる。

　なお，文書の作成目的とは，文書作成者の単なる主観に基づいて判断するのではなく，文書の形式，内容等から客観的に判断するのであるから，契約当事者以外の者に提出または交付するものであることが文書上に記載され，かつこれらの者に提出または交付されるものについてだけ課税文書に該当しないものとして取扱われる。

6．公金の取扱いに関する文書

　非課税文書の表の「公金の取扱いに関する文書」とは，地方自治法の規定に基づく指定金融機関，指定代理金融機関，収納代理金融機関等が公金の出納に関して作成する文書をいい，公金とは単に地方公共団体の所有に属する現金だけでなく，保管金等地方公共団体の保管に属する現金も含まれる。公金の取扱いを行うことについての地方公共団体と金融機関等との間の契約書は，公金の取扱いに関する文書として取扱われる。

　地方公共団体から地方税や水道料金等の収納の事務の委託を受けた者（受託者）が，地方税等を納付しようとする者（支払者）から，地方税等の交付を受けたときに，受託者が支払者に対して交付する金銭の受取書は，公金の取扱いに関する文書に含まれる。

　ただし，収納代理金融機関がその組合員である金融機関との間において公金の収納事務の取次ぎを更に収納代理金融機関となっていない組合員である金融機関に委託することを目的とし，これに関する事務処理の方法を定めた契約書は，「公金の取扱いに関する文書」には該当せず，第7号文書となる。

3 記載金額

　課税文書の中には，その文書に記載された金額によって印紙税額が異なるものや，一定の金額に満たないものを非課税としているものがある。

1. 契約金額とは

　契約金額とは，契約の成立等に関し，直接証明の目的となっている金額をいい，具体的には次のものをいう。

　① 売買契約……売買金額
　② 代物弁済契約……代物弁済により消滅する債務の金額
　③ その他の譲渡契約……譲渡の対価たる金額
　④ 贈与契約……契約金額なし
　⑤ 土地等の賃貸借契約……設定の対価たる金額
　⑥ 消費貸借契約……消費貸借金額
　⑦ 運送契約……運送料
　⑧ 請負契約……請負金額
　⑨ 債務引受契約……引受ける債務の金額

　なお，消費貸借契約書に基づく既存の債務金額を承認し，併せてその返済期日，返還方法等を約する債務承認弁済契約書に原契約書を引用したものは，すでに成立している消費貸借契約の重要な事項（基通別表第2）を変更または補充するものであり，消費貸借契約書に該当するが，消費貸借金額を変更したり補充するものではないので，その契約書には記載金額はないものとして取扱われる。

2. 記載金額の計算

　① 一の文書に2以上の金額が記載されていたり単価や数量などが記載されているときの記載金額の計算は次のように行われる。
　　ａ．課税物件表の同一の号の課税事項の記載金額が2以上ある場合……記

載金額の合計額
b．課税物件表の2以上の号の課税事項が記載されているものについて，その2以上の号の記載金額がそれぞれ区分して記載されている場合……その属することとなる号の課税事項に係る記載金額

＜例＞
不動産および債権の売買契約書において不動産700万円，債権300万円と記載されているもの（記載金額700万円の第1号文書）

c．受取書の記載金額が売上代金に係る金額とその他の金額とにそれぞれ区分して記載されている場合……売上代金に係る金額
　なお，売上代金に係る金額とその他の金額との表示の記載がないものは，記載金額の全額を売上代金として取扱う。

＜例＞
貸付金元本と利息の受取書
貸付金元本200万円，貸付金利息30万円（記載金額30万円の第17号の1文書）

d．受取書の記載金額が売上代金に係る金額とその他の金額とにそれぞれ区分して記載されていない場合……その記載金額

＜例＞
貸付金元本と利息の受取書
貸付金元本および利息合計300万円（記載金額300万円の第17号の1文書）

e．その文書に記載された単価および数量，記号その他により記載金額を計算することができる場合……その計算により算出した金額

＜例＞
物品加工契約書
A物品　単価500円，数量1万個（記載金額500万円の第2号文書）

f．課税物件表の第1号文書または第2号文書であって，その文書に係る契約についての契約金額または単価，数量，記号その他の記載のある見

積書，注文書その他これらに類する文書（課税文書として印紙税がすでに課税されているものは除かれる）の名称，発行の日，記号，番号等の記載があることにより，当事者間においてその契約についての契約金額が明らかである場合または計算することができる場合……その明らかである金額または計算により算出された金額

<例>
① 工事請負注文請書
　「請負金額は貴注文書第××号のとおりとする」と記載されている注文請書で，引用されている注文書に記載されている工事請負金額が500万円である場合（記載金額500万円の第2号文書）
② 物品の委託加工注文請書
　加工数量および加工料単価は貴注文書第××号のとおりとする」と記載されている物品の委託加工に関する注文請書で，注文書に記載されている数量が1万個，単価500円である場合（記載金額500万円の第2号文書）

g．売上代金として受け取る有価証券の受取書で，その有価証券の発行者の名称，発行日，記号，番号等の記載があって，当事者間においてその売上金額を明らかにすることができる場合……その明らかにすることができる金額

<例>
物品売買代金の受取書
「〇年〇月〇日付貴社振出の約束手形№××」と記載されている場合（その約束手形の手形金額の第17号の1文書

h．売上代金の受取書で，受取る金額の記載のある支払通知書，請求書その他これらに類する文書の名称，発行の日，記号，番号等の記載があって，当事者間においてその売上代金の金額を明らかにすることができる場合……その明らかにすることができる金額

＜例＞
請負代金の受取書
「〇年〇月〇日当社発行の請求書№××の金額」と記載されている場合（その請求書に記載された金額の第17号の１文書

i．月単位等で契約金額を定めている契約書
　　月単位で金額を定めている契約書で，契約期間の記載があるものは，当該金額に契約期間の月数を乗じて算出した金額が記載金額となり，契約期間の記載のないものは記載金額がないものとして取扱われる。

＜例＞
「清掃料　月10万円，契約期間１年とし，当事者に異議がないときは更に１年延長する」と記載したもの
・記載金額　120万円（10万円×12月）第２号文書

②　予定金額等が記載されている文書の記載金額
　記載されている金額が予定金額，概算金額，最低金額または最高金額であっても，記載金額として取扱われる。最高額と最低額の両方が記載されているときは，最低金額が記載金額となる。

③　手付金額，内入金額が記載されている契約書の記載金額
　契約書に記載された金額であっても，契約金額とは認められない金額，たとえば手付金額または内入金額は記載金額には該当しないので，記載金額のない文書となる。
　なお，契約書に100万円を超える手付金額または内入金額の受領事実が記載されている場合には，その文書は，通則３のイまたはハのただし書の規定によって第17号の１文書として取扱われる。

④　契約金額を変更する契約書の記載金額
　a．契約金額を変更する契約書については，変更後の金額が記載されている場合（当初の契約金題と変更金額の双方が記載されていること等によ

り，変更後の金額が算出できる場合を含む）→変更後の金額
b．変更金額のみが記載されている場合→その変更金額

<例>

土地売買契約変更契約書
① 当初の売買金額1,000万円を100万円増額（または減額）すると記載したもの→記載金額1,100万円（または900万円）の第1号文書
② 当初の売買金額を100万円増額すると記載したもの→記載金額100万円の第1号文書

c．契約金額を変更する契約書のうち，その変更契約書に変更前の契約金額等を証明した文書の名称，文書番号または契約年月日等変更前契約書を特定できる事項の記載があること，または変更前契約書と変更契約書とが一体として保管されていること等により，契約金額等の記載のある変更前契約書が作成されていることが明らかな場合は次の金額が記載金額となる。

イ．契約金額を増加させるもの→その契約書により増加する金額

<例>

土地売買契約の変更契約書
　当初の売買金額1,000万円を100万円増額すると記載したものまたは，当初の売買金額1,000万円を1,100万円に増額すると記載したもの→記載金額100万円の第1号文書

ロ．契約金額を減少させるもの→記載金額のないものとされる。

<例>

土地の売買契約の変更契約書
　当初の売買金額1,000万円を100万円減額すると記載したものまたは，当初の売買金額1,000万円を900万円に減額すると記載したもの→記載金額のない第1号文書（一律200円）

⑤ 税金額が記載されている文書の記載金額

 源泉徴収義務者または特別徴収義務者が作成する受取書等の記載金額のうちに，源泉徴収または特別徴収に係る税金額を含む場合において，その税金額が記載されているときは，全体の記載金額からその税金額を控除した後の金額が記載金額となる。

⑥ 消費税額及び地方消費税額が記載されている文書の記載金額

 次の文書に消費税及び地方消費税の金額が具体的に区分記載されている場合には，その消費税額は記載金額に含めないで記載金額を判定する。

　・第1号文書（不動産の譲渡等に関する契約書）
　・第2号文書（請負に関する契約書）
　・第17号文書（金銭または有価証券の受取書）

 なお，消費税及び地方消費税の金額のみを受領する際に交付する受取書については，記載金額のない受取書となる。ただしその消費税額及び地方消費税額が5万円未満である場合は，非課税文書に該当するものとして取扱われる。

<例>

① 請負金額5,000万円，消費税額及び地方消費税額400万円，計5,400万円
② 請負金額5,400万円うち消費税額及び地方消費税額400万円

（ともに消費税率8％の場合）

 上記①，②とも記載金額5,000万円の第2号文書で，印紙税額は2万円となる。

4 納税義務者

印紙税の納税義務者は，課税文書の作成者である（法第3条）。

1. 作成者とは

作成者とはその課税文書に記載された作成名義人をいうのであるが，次に掲げる場合には，それぞれに掲げる者が作成者となる。

① 法人，人格のない社団もしくは財団（以下「法人等」という）の役員または法人等もしくは人（個人事業主など）の従業員が，その法人等または人の業務または財産に関し，役員または従業員の名義で作成する課税文書……その法人等または人が作成者となる。

② 委任に基づく代理人が，その委任事務の処理にあたり作成する課税文書……その文書に代理人の名義が表示されているものはその代理人，委任者のみが表示されていればその委任者が作成者となる。

2. 手形の作成者

約束手形または為替手形で手形金額の記載のないものは非課税であるが，これに手形金額が補充された場合は，手形金額を補充した者が，その補充をした時にその手形を作成したものとみなされる（法第4条第1項）。

3. 通帳の作成

預貯金通帳，金銭受取通帳，判取帳を1年以上にわたり継続して使用する場合には，その通帳等を作成した日から1年を経過した日以後に最初の付け込みをした時に，新たに通帳等が作成されたものとみなされる（法第4条第2項）。

4. 追記により課税文書の作成とみなされる場合

すでに作成されている文書（非課税の文書も含まれる）に，課税事項を追

記し，または通帳等として使用するための付け込みをした時は，その追記または付け込みをした時に新たに課税文書を作成したものとみなされる。

たとえば，金銭借用証書について，貸付金完済時に「償還済」の押印をすると，金銭の受取書を新たに作成したものとして取扱われる。

なお，次の号の文書については，他の号の課税事項を追記しても，また，他の号の文書にこれらの号の課税事項を追記しても新たな課税文書の作成とはならない。

- 第3号文書（約束手形または為替手形）
- 第4号文書（株券，出資証券等）
- 第5号文書（合併契約書）
- 第6号文書（定款）
- 第9号文書（貨物引換証，倉庫証券等）

また，追記する事項が金銭または有価証券の受取事項である場合には，次の文書に追記したものに限り非課税の追記として取扱われる。

- 有価証券（手形，小切手，株券等）
- 第8号文書（預貯金証書）
- 第12号文書（信託行為に関する契約書）
- 第14号文書（金銭または有価証券の寄託に関する契約書）
- 第16号文書（配当金領収証）

一の文書へ追記する事項が原契約の内容の変更または補充についてのものであるときは，重要な事項に該当するものに限り新たな課税文書を作成したものとして取扱われる（基通第38条）。

5. 通帳等への付け込みが課税文書の作成とみなされる場合

通帳（預貯金通帳を除く）または判取帳に，次に掲げる事項の付け込みが行われたときは，その事項については，通帳等への付け込みはなかったものとされ，通帳等とは別個に，それぞれの課税事項に関する契約書または受取書が作成されたものとみなされる（法第4条第4項）。

① 課税物件表の第1号の課税文書により証されるべき事項で記載金額が10万円を超えるもの
② 第2号（請負契約書）の課税文書により証されるべき事項で，記載金額が100万円を超えるもの
③ 第17号の1（売上代金に係る受取書）の課税文書により証されるべき事項で記載金額が100万円を超えるもの

5 その他の文書の取扱い

1. 共同作成した文書
(1) 連帯納税義務
　一の課税文書を2以上の者が共同して作成した場合には，その2以上の者は，その作成した課税文書について連帯して印紙税を納める義務がある。

　たとえば，金銭借用証書を連帯債務者が連名で作成した場合には，その連帯債務者全員が連帯して納税義務を負うことになる。

(2) 国等と共同作成した文書
　農協等が国，地方公共団体または非課税法人の表に掲げられている者と共同作成し，それぞれが保管する文書は，次により取扱う。

　① 国，地方公共団体等が保存するものは，農協等が作成したものとみなされ課税対象となる。

　② 農協等が保存するものは，国，地方公共団体等が作成したものとみなされ非課税となる。

```
＜例＞
契約当事者が（甲）○○県，（乙）県信連，（丙）○○農協の3者で，契約書を
3通作成し，甲，乙，丙が各1通ずつ所持する場合


甲が所持する文書……課税　　　乙，丙が所持する文書……非課税
```

2. 同一法人内で作成する文書
　同一法人等の内部の取扱者間または本店，支店および出張所間等で，その法人等の事務の整理上作成する文書は，課税文書に該当しないものとして取り扱われる。たとえば，農協の管理部門または信用部門が行う経費または資金の送金等にかかる事務を為替担当者が処理した場合に作成する振込票等については，農協内部における事務処理の結果を確認するための文書であるか

ら，課税文書とはならない。なお，電気，ガスなどの公共料金にかかる領収書については，農協内部のものであっても，課税文書として取扱われる。

ただし，その文書が第3号文書（約束手形）または第9号文書（貨物引換証，倉庫証券，船荷証券）に該当する場合は，単なる事務整理上作成される文書とは認められないので課税文書に該当する。

3. 納付方法等

印紙税の納付は，一般的に課税文書に収入印紙を貼付して納付する方法をとっているが，例外的に金銭で納付する制度も設けられている。

収入印紙を貼付したときは，収入印紙の再使用を防止するため，その文書と印紙の彩紋とにかけて判明に印紙を消さなければならない。消印に使用する印章は，自己またはその代理人，使用人その他の従業者の印判が用いられるが，名称や氏名を表示した日付印もしくは役職名，名称等を表示した印でもよく，また署名でも差支えない。なお，2以上の者が共同して作成した課税文書に貼付した印紙を消す場合は，作成者のうちの一人が消せばよい。

4. 印紙税を納付しなかった場合

一般に，契約書のような重要書類とか手形類には，収入印紙が貼付されているのが普通であるが，なかには印紙を貼付もれしたものも見受けられる。

収入印紙を貼付していない文書であっても，書類の証明力には全く関係はないが，印紙税を納付しなければならない課税文書の作成者が，印紙税を納付しなかった場合は，過怠税としてその納付しなかった印紙税の額の3倍に相当する金額（その金額が1,000円に満たないときは1,000円）の追徴を受けることになる。ただし，印紙税の調査を受ける前に，自主的に印紙税を納付しなかった旨を所轄税務署長に申出たときは，納付しなかった印紙税の1.1倍に相当する過怠税でよいことになっている。

また，課税文書に貼付した印紙を消さなかった場合には，その消さなかった印紙の額面金額に相当する金額の過怠税が課されることになる。これらの過怠税は，法人がたとえ租税公課として支出した場合であっても，法人税法上損金の額に算入されないこととなっているので注意しなければならない。

基本編②

課税物件の内容

1 不動産等の譲渡に関する契約書(第1号の1文書)

1．物件名
不動産，鉱業権，無体財産権，船舶もしくは航空機または営業の譲渡に関する契約書

2．定義
(1) 不動産には，法律の規定により不動産とみなされるもののほか，鉄道財団，軌道財団および自動車交通事業財団を含むものとする。
(2) 無体財産権とは，特許権，実用新案権，商標権，意匠権，回路配置利用権，商号及び著作権をいう。

3．課税標準および税率
(1) 契約金額の記載のある契約書
　　次に掲げる契約金額の区分に応じ，1通につき，次に掲げる税率とする。

契約金額	税率
10万円以下のもの	200円
10万円を超え50万円以下のもの	400円
50万円を超え100万円以下のもの	1,000円
100万円を超え500万円以下のもの	2,000円
500万円を超え1,000万円以下のもの	1万円
1,000万円を超え5,000万円以下のもの	2万円
5,000万円を超え1億円以下のもの	6万円
1億円を超え5億円以下のもの	10万円
5億円を超え10億円以下のもの	20万円
10億円を超え50億円以下のもの	40万円
50億円を超えるもの	60万円

　　（注）上記「1．物件名」のうち，不動産の譲渡に関する契約書で，平成26年4月1日から平成30年3月31日までの間に作成されるもの

は，次に掲げる契約金額の区分に応じ，1通につき，次に掲げる税率とする。

10万円を超え50万円以下のもの	200円
50万円を超え100万円以下のもの	500円
100万円を超え500万円以下のもの	1,000円
500万円を超え1,000万円以下のもの	5,000円
1,000万円を超え5,000万円以下のもの	1万円
5,000万円を超え1億円以下のもの	3万円
1億円を超え5億円以下のもの	6万円
5億円を超え10億円以下のもの	16万円
10億円を超え50億円以下のもの	32万円
50億円を超えるもの	48万円

＜軽減措置の対象となる「不動産の譲渡に関する契約書」の範囲＞

軽減措置の対象となる「不動産の譲渡に関する契約書」とは，課税物件第1号の物件名の欄1に掲げる「不動産の譲渡に関する契約書」をいい，土地や建物などの不動産の譲渡（売買，交換等）に関する契約書に限られる。

したがって，第1号の1文書となるものであっても，鉱業権，無体財産権，船舶若しくは航空機又は営業の譲渡に関する契約書は，軽減税率の適用はない。

また，同様に地上権又は土地の貸借権の譲渡等に関する契約書（第1号の2文書），消費貸借に関する契約書（第1号の3文書）及び運送に関する契約書（第1号の4文書）も軽減税率の適用はない。

(2) 契約金額の記載のない契約書　　1通につき200円

4．非課税物件

契約金額の記載のある契約書（課税物件表の適用に関する通則3のイの規定が適用されることにより，この号に掲げる文書となるものを除く）のうち，

当該契約金額が1万円未満のもの。

5．課税文書の具体例
　　・不動産売買契約書
　　・代物弁済予約契約書

6．留意事項
(1)　**記載金額について**
　①　不動産等の譲渡に関する契約書における契約金額とは，譲渡の形態に応じ，次に掲げる金額とされている。
　　a．売買——売買金額
　　b．交換——交換金額（差金だけの場合はその差金の額）
　　c．代物弁済——代物弁済により消滅する債務の金額
　　d．法人等に対する現物出資——出資金額
　　e．その他——譲渡の対価たる金額
　②　契約金額の記載のある契約書のうち，その契約金額が1万円未満のものは非課税であるが，第1号の1と他の号に該当する文書で，通則3のイの規定により第1号の1文書となったものについては，第1号の1文書に係る契約金額が1万円未満であっても，非課税とはならない。
　　　したがって，このような文書は1通につき200円の印紙税が課税される。

(2)　**不動産の売渡証書**
　不動産の売買について，当事者双方が売買契約書を作成し，その後更に登記の際作成する不動産の売渡証書は，第1号の1文書（不動産の譲渡に関する契約書）に該当する。
　なお，不動産と動産との交換を約する契約書は，第1号の1文書（不動産の譲渡に関する契約書）に所属し，その記載金額の取扱いは，次によることとされている。

① 交換に係る不動産の価額が記載されている場合（動産の価額と交換差金とが記載されている等当該不動産の価額が計算できる場合を含む）は，当該不動産の価額を記載金額とする。
② 交換差金のみが記載されていて，当該交換差金が動産提供者によって支払われる場合は，当該交換差金を記載金額とする。
③ ①又は②以外の場合は，記載金額がないものとする。

(3) **不動産の買戻し約款付売買契約書**

買戻し約款のある不動産の売買契約書の記載金額の取扱いは，次によることとされている。

① 買戻しが再売買の予約の方法によるものである場合は，当該不動産の売買に係る契約金額と再売買の予約に係る契約金額との合計金額を記載金額とする。
② 買戻しが民法第579条に規定する売買の解除の方法によるものである場合は，当該不動産の売買に係る契約金額のみを記載金額とする。

(4) **抵当権設定証書，担保差入証**

「抵当権設定証書」及び「担保差入証」と称する文書は，一般的には不課税文書であるが，抵当権または質権の設定に関する事項のほか，その担保物件を代物弁済として取得する旨の記載があり，その担保物件が不動産の場合には第1号の1文書（不動産の譲渡に関する契約書）に該当する。

なお，根抵当権の設定契約と同時に代物弁済の契約をした場合の契約書も，第1号の1文書（不動産の譲渡に関する契約書）に該当する。

また，この場合の契約金額について，たとえば「時価評価額をもって代物弁済する」または単に「代物弁済する」と記載したものは契約金額の記載のないものとなり，「元本極度額金〇〇円をもって代物弁済する」と記載したものは，その元本極度額が契約金額となる。

(5) **代替地給付契約書**

道路建設に伴う買収土地の代金の支払いに代えて，代替地を給付することとする契約書は，不動産の譲渡価額の支払方法を定めるものであるとともに，

代替地そのものを譲渡するものであるから，第1号の1文書（不動産の譲渡に関する契約書）に該当する。

　この場合の記載金額については，買収に伴う債務金額は単に確認額にしかすぎないが，給付地の価額は譲渡する目的物の対価であるからその金額が記載されていれば記載金額に該当する。

(6) **不動産売買に伴う手付金の領収証**

　不動産の売買に伴う手付金を顧客から受領した際に作成して交付する領収証は，その不動産の内容および売買金額が記載されていてもその作成目的から第1号の1文書には該当せず，第17号の1文書（売上代金に係る金銭の受取書）に該当する。

　また，将来，売買契約を締結しない場合は，理由のいかんを問わず手付金は違約金として取得する旨のいわゆる手付契約は，印紙税の課税対象となる契約書には該当しない。

(7) **遺産分割協議書**

　相続不動産を各相続人に分割することについて協議する場合に作成する遺産分割協議書は，単に共有遺産を各相続人に分割することを約すだけであって，不動産の譲渡を約するものでないから，第1号の1文書（不動産の譲渡に関する契約書）に該当しない。

　分割前の遺産は共同相続人の共有となっているが（民法第898条），分割の効力は相続の開始の時にさかのぼることとされている（民法第909条）ところから，分割後の遺産は各相続人が被相続人から直接承継したこととなる。したがって，分割協議をする各相続人の間には譲渡行為がないという点から，遺産分割協議書は第1号の1文書には該当しない。

2 消費貸借契約に関する契約書(第1号の3文書)

1. 消費貸借の意義

消費貸借とは,当事者の一方(借主)が相手方(貸主)から金銭その他の代替物を受取り,これと同種,同等,同量の物を返還する契約をいう。

賃貸借および使用貸借が目的物自体を返還するのと異なり,借主が目的物の所有権を取得しそれを消費した後に他の同価値の物を返還するものである。

消費貸借には,準消費貸借を含むが,この準消費貸借とは,金銭その他の代替物を給付する義務を負う者が,その相手方に対してそれを消費貸借の目的とすることを約する契約をいう。たとえば,売買代金債務を借入金に改めるようなものがこれにあたる(民法第587条,第588条)。

2. 課税標準および税率

(1) 契約金額の記載のある契約書

次に掲げる契約金額の区分に応じ,1通につき,次に掲げる税率とする。

契約金額	税率
10万円以下のもの	200円
10万円を超え50万円以下のもの	400円
50万円を超え100万円以下のもの	1,000円
100万円を超え500万円以下のもの	2,000円
500万円を超え1,000万円以下のもの	1万円
1,000万円を超え5,000万円以下のもの	2万円
5,000万円を超え1億円以下のもの	6万円
1億円を超え5億円以下のもの	10万円
5億円を超え10億円以下のもの	20万円
10億円を超え50億円以下のもの	40万円
50億円を超えるもの	60万円

(2) 契約金額の記載のない契約書　　　　　　200円

3. 非課税物件

契約金額の記載のある契約書（課税物件表の適用に関する通則3のイの規定が適用されることにより，この号に掲げる文書となるものを除く）のうち，当該契約金額が1万円未満のもの。

> ＜注＞
> 第1号の3文書と他の号とに該当する文書で，通則3のイの規定により第1号の3文書となったものについては，その第1号の3文書に係る記載金額が1万円未満であっても非課税とはならない。

> ＜例＞
> 借入金の受領書に，その返還期日または返還方法もしくは利率等を記載した場合は，第17号文書でなく第1号の3文書になり，記載金額が1万円未満でも課税文書となる。

4. 課税文書の具体例

- 金銭借用証書
- 貸付決定通知書
- 手形借入約定書
- カードローン契約書（カード利用申込書）
- 貸付条件変更契約書
- 根抵当権設定極度貸付契約書
- 借用文言のある公正証書作成委任状

5. 留意事項

(1) 限度（極度）貸付契約書

あらかじめ一定の限度（極度）までの金銭の貸付をする限度（極度）貸付契約書は，第1号の3文書に該当し，記載金額の取扱いは，次による。

　a．「限度貸付」のように，その契約書で貸付累計額が一定の金額に達する

まで貸付けることを約するものである場合は，その「一定の金額」はその契約書による貸付の予約金額の最高額を決めたものであるから，その一定の金額が記載金額となる。

　b．「極度貸付」のように，一定の金額の範囲内で貸付を反復して行うことを約するものである場合は，その契約書は直接貸付金額を予約したものでないから，その一定の金額は記載金額とならない。

(2) 債務承認および弁済契約書

　債務承認弁済契約書で，消費貸借に基づく既存の債務金額を承認し，併せてその返済期日，返還方法等を約するものは，第1号の3文書になる。

　この場合の債務金額については，その文書にその債務金額を確定させた契約書が他に存在することを明らかにしているものに限り，記載金額に該当しないものとして取扱われる。

> ＜例＞
> 「○年○月○日付金銭借用証書に基づく債務額金○○円也について……」

(3) 借入金支払方法特約書

　借入金の償還金を預金口座振替の方法により支払うことを内容とする特約書は，借入金の支払方法を定めるものであるから第1号の3文書（消費貸借に関する契約書）に該当するとともに，既存の預金契約における払戻方法を定めるものであるから第14号文書（金銭の寄託に関する契約書）にも該当する。

　したがって，通則3のイの規定により第1号の3文書となる。

(4) 総合口座取引約定書

　普通預金，定期預金の各取引を行うことについての諸条件を定める「総合口座取引約定書」は，普通預金規定による普通預金契約について，その払戻方法等を定めるものであるから，第14号文書（金銭等の寄託に関する契約書）に該当するとともに，普通預金残高不足の場合は，一定金額を限度として預金者の払い戻し請求に応ずることを約したものであるから第1号の3文書

（消費貸借に関する契約書）にも該当する。

したがって，通則3のイの規定により，第1号の3文書として取扱われる。

なお，各種料金等の支払を預金口座振替の方法により行うことを委託している場合に，その各種料金等の支払についてのみ預金残額を超えて支払うことを約するものは，委任に関する契約書に該当するので，課税文書にあたらない。

(5) カードローン契約書

一定の貸越極度額を定め，カードによる貸付けおよびその返済を行うことを定めた契約書は，通常の当座勘定借越契約とは異なり，借入金の貸付けおよびその返済方法等を定めるものであるから，第1号の3文書（消費貸借に関する契約書）に該当する。

(6) カード利用申込書

カードローン契約（消費貸借契約）を締結している者が，現金自動貸付機を利用して金銭の借入れを行うこととする場合に，裏面カード規定を承諾のうえ作成する申込書は，裏面カード規定を承諾のうえ申込むものでありその申込書を提出することにより自動的に契約が成立することとなっているので契約書に該当する。

また，その契約の内容は，現金自動貸付機による貸出し，すなわち消費貸借契約における目的物の引渡方法を定めるものであるから，この契約書は，第1号の3文書（消費貸借に関する契約書）に該当する。

(7) 買掛債務弁済契約書

商品の買掛債務の残高を確認したうえで，これを消費貸借債務とすることを約し，その返済期限及び返済方法を定めるとともに，割賦返済金額を手形金額とした約束手形を振り出し，債権者がこれを受け取ったことを証するために作成する「債務弁済契約書」と称する文書は，準消費貸借契約の成立を証する文書であるから，第1号の3文書（消費貸借に関する契約書）に該当する。

また，消費貸借債務の弁済としての約束手形の受領事実を証するためのも

のであるから，第17号の2文書（有価証券の受取書）にも該当するが，通則3のイの規定により第1号の3文書となる。

(8) **借用文言のある公正証書作成委任状**

　金融業者が，金銭の貸付けにあたり債務者から各別に徴していた借用証書と公正証書作成のための委任状を一体化し委任状形式としても，その記載内容からみて，金銭の消費貸借契約事項と委任事項を併記したと認められるものは，第1号の3文書（消費貸借に関する契約書）となる。なお，委任状に金銭借用証書の案文を添付しただけのものは不課税文書となる。

(9) **貸付決定通知書**

　金融機関等が，金銭の借入申込人からの申込みに対し，貸付けることを決定し，その旨当該申込人に通知する文書は，申込みに対する承諾の事実を明らかにしたものであるから，第1号の3文書（消費貸借（予約）に関する契約書）に該当する。

　ただし，申込人等が借入条件に適合しているかどうかを審査し，その審査結果を申込人に通知し，併せて借入手続を案内する文書は課税文書には該当しない。

　金融機関等が，金銭の借入申込人からの借入申込みに対し，貸出条件を呈示するとともに，借入人が応諾した場合の手続きについて案内する文書は，契約の成立を証するものではないから契約書には該当しない。

(10) **保証人あての融資決定通知書**

　金融機関等が，住宅資金等の借入申込人からの申込みに対し融資することを決定した場合において，その旨をその借入金の保証会社に通知する文書は，借入申込みに対する応諾事実を証明するものではないため，契約書には該当しない。

(11) **支払保証協定書**

　債権者と保証人との間において，保証人が支払保証をしている債務が不履行となったことに伴い，保証人の保証債務の履行方法を定める協定書は，第13号文書（債務の保証に関する契約書）に該当するが，その代位弁済に必要

な資金を債権者が保証人に融資することまで定めているものは第1号の3文書（消費貸借に関する契約書）にも該当する。

したがって，このような文書は，通則3のイの規定により，第1号の3文書となる。

(12) 借入金利率変更確認書

貸金業者と借主との間において，すでに締結している限度貸付契約の利率を変更する確認書は，第1号の3文書（消費貸借に関する契約書）に該当するが，必要がある場合には両者で協議して変更することができることとし，その変更の方法のみを定めるものはこれに該当しない。

(13) 契約栽培の前渡契約書

農業協同組合とその組合員である生産者との間で，農産物を契約栽培するに際し，農業協同組合が種苗等を生産者に前渡ししてその代金は貸付金とすることとし，その支払方法，貸付利息等について定めた契約書は，農作物の栽培を委任する契約であるから委任に関する契約書に該当するほか，農業協同組合から生産者に対する種苗等の前渡しは，物品の譲渡となるから物品の譲渡に関する契約書にも該当する。

さらに種苗等の代金を当事者間において金銭の消費貸借の目的となすことを約したものであるから消費貸借に関する契約書にも該当する。委任に関する契約書と物品の譲渡に関する契約書は課税文書に該当しないので，結局この文書は第1号の3文書（消費貸借に関する契約書）となる。

(14) 物品売買に基づく債務承認および弁済契約書

いわゆる債務承認弁済契約書で，物品売買に基づく既存の代金支払債務を承認し，併せて支払期日または支払方法を約するものは，物品の譲渡に関する契約書に該当するから課税文書に該当しないが，債務承認弁済契約書と称するものであっても，代金支払債務を消費貸借の目的とすることを約するものは，第1号の3文書に該当し，この場合の債務承認金額は，当該契約書の記載金額となる。

3 請負に関する契約書(第2号文書)

1. 請負契約の意義

　請負とは，当事者の一方がある仕事の完成を約し，相手方がその仕事の結果に対して報酬を支払うことを内容とする契約をいう。

　請負の目的物には，家屋の建築，道路の建設，洋服の仕立て，機械の製作，機械の修理のような有形なもののほか，音楽の演奏，講演，機械の保守，建物の清掃のような無形なものも含まれる。

　なお，請負とは仕事の完成と報酬の支払いとが対応関係にあることが必要であるから，仕事の完成の有無にかかわらず報酬が支払われるものや，報酬が全く支払われないようなものは請負には該当しない（民法第632条）。

　印紙税法上の請負には，職業野球の選手，映画俳優，プロレスラー，音楽家などが役務の提供を約することを内容とする契約も含まれる（令第21条）。

2. 課税標準および税率

(1) 契約金額の記載のある契約書

　　次に掲げる契約金額の区分に応じ，1通につき，次に掲げる税率とする。

契約金額	税率
100万円以下のもの	200円
100万円を超え200万円以下のもの	400円
200万円を超え300万円以下のもの	1,000円
300万円を超え500万円以下のもの	2,000円
500万円を超え1,000万円以下のもの	1万円
1,000万円を超え5,000万円以下のもの	2万円
5,000万円を超え1億円以下のもの	6万円
1億円を超え5億円以下のもの	10万円
5億円を超え10億円以下のもの	20万円
10億円を超え50億円以下のもの	40万円
50億円を超えるもの	60万円

（注）請負に関する契約書のうち，建設業法第2条第1項に規定する建設工事の請負に係る契約に基づき作成される契約書で，記載された契約金額が1千万円を超え，かつ，平成26年4月1日から平成30年3月31日までの間に作成されるものは，次に掲げる契約金額の区分に応じ，1通につき，次に掲げる税率とする。

100万円を超え200万円以下のもの	200円
200万円を超え300万円以下のもの	500円
300万円を超え500万円以下のもの	1,000円
500万円を超え1,000万円以下のもの	5,000円
1,000万円を超え5,000万円以下のもの	1万円
5,000万円を超え1億円以下のもの	3万円
1億円を超え5億円以下のもの	6万円
5億円を超え10億円以下のもの	16万円
10億円を超え50億円以下のもの	32万円
50億円を超えるもの	48万円

＜軽減措置の対象となる「請負に関する契約書」の範囲＞

　軽減措置の対象となる「請負に関する契約書」とは，課税物件第2号の物件名の欄に掲げる「請負に関する契約書」のうち，建設工事の請負に係る契約に基づき作成されるものをいう。

　ここにいう「建設工事」とは，建設業法第2条第1項に規定する建設工事で，同法の別表の上欄に掲げられているそれぞれの工事をいい，具体的には，土木建築に関する次に掲げる工事をいう。

〔建設工事の種類（建設業第2条第1項，同法別表）〕
土木一式工事，建築一式工事，大工工事，左官工事，とび・土工・コンクリート工事，石工事，屋根工事，電気工事，管工事，タイル・れんが・ブロック工事，鋼構造物工事，鉄筋工事，ほ装工事，しゅんせつ工事，板金工事，ガラス工事，塗装工事，防水工事，内装仕上工事，機械器具設置工事，熱絶縁工事，電気通信

工事，造園工事，さく井工事，建具工事，水道施設工事，消防施設工事，清掃施設工事

したがって，上記の建設工事に該当しない工事や建築物の設計，建設機械の保守，船舶の建造，機械器具の製造・修理等の請負契約書は，印紙税の軽減措置の対象にはならない。

なお，上記の建設工事の工事内容については，昭和47年建設省告示（建設業法第2条第1項の別表の上欄に掲げる建設工事の内容）の「建設工事の内容」欄に具体的に記載されている。

（注）建設工事により工作物に取付け又は設置した設備，機械器具等の保守又は修理等については建設工事に該当しないが，これらの設備又は機械器具等を保守又は修理等のために工作物等から取り外し，更に修理等を行った後に工作物等に取付け又は設置する場合は，この取付け又は設置する工事は建設工事に該当することとなる。

(2) 契約金額の記載のない契約書　1通につき　200円

3．非課税物件

契約金額の記載のある契約書（課税物件表の適用に関する通則3のイの規定が適用されることによりこの号に掲げる文書となるものを除く）のうち，当該契約金額が1万円未満のもの。

4．課税文書の具体例

・工事請負契約書

・工事注文請書

・広告契約書

・請負金額変更契約書

・会計監査契約書

・家畜預託契約書

5．留意事項

(1) 請負契約と継続的取引契約との判別

　個々の取引についてその都度作成される個別の請負契約書は，第2号文書に該当するが，営業者の間において請負に関する2以上の取引を継続して行うため作成される契約書で，請負の内容等の重要な事項を定めるものは，第7号文書となる。

　エレベーター保守契約，ビル清掃請負契約書など通常，月や週を単位として役務の提供等の債務の履行が行われる契約については，料金等の計算の基礎となる期間1単位ごとまたは支払いの都度ごとに1取引として取扱われるので，通常は第7号文書となる。

(2) 請負契約と物品・不動産の譲渡契約との判別

　請負契約と物品・不動産の譲渡契約との判別が明確にできないものについては，契約当事者の意思が仕事の完成に重きをおいているか，物品・不動産の譲渡に重きをおいているかによって判別するが，その具体的な取扱いは次により行うこととされている。

　なお，物品の譲渡に関する契約書は，課税文書に該当しない。

① 注文者の指示に基づき一定の仕様または規格等にしたがい，製作者の労務により工作物を建設することを内容とするもの……請負に関する契約書

> ＜例＞
> 家屋の建築，道路の建設，橋りょうの架設

② 製作者が工作物をあらかじめ一定の規格で統一し，これにそれぞれの価格を付して注文を受け，その規格にしたがい工作物を建設し，供給することを内容とするもの……不動産または物品の譲渡に関する契約書

> ＜例＞
> 建売り住宅の供給（不動産の譲渡に関する契約書）

③ 注文者が材料の全部または主要部分を提供（有償であるか無償であるかを問わない）し，製作者がこれによって一定物品を製作することを内容とするもの……請負に関する契約書

> ＜例＞
> 洋服仕立て

④ 製作者の材料を用いて注文者の設計または指示した規格に従い，一定物品を製作することを内容とするもの……請負に関する契約書

> ＜例＞
> 船舶，車両，機械，家具等の製作，洋服等の仕立て

⑤ あらかじめ一定の規格で統一された物品を注文に応じ製作者の材料を用いて製作し，供給することを内容とするもの……物品の譲渡に関する契約書

> ＜例＞
> カタログまたは見本による機械，家具等の製作

⑥ 一定の物品を一定の場所に取り付けることにより所有権を移転することを内容とするもの……請負に関する契約書

> ＜例＞
> 大型機械の取付け

ただし，取付行為が簡単であって特別の技術を要しないもは物品の譲渡に関する契約書となる。

> ＜例＞
> 家庭用電気器具の取付け

⑦　修理または加工することを内容とするもの……請負に関する契約書

> ＜例＞
> 建物，機械の修繕，物品の加工

(3)　電子計算機の賃貸借契約書

　電子計算機の賃貸借について，その賃貸料を定めた契約書は，賃貸借に関する契約書に該当し不課税文書となる。

　なお，その電子計算機の装置が正常に作動するよう調整または必要な修理等の保守を行うことを併せて約定しても，それが民法第606条第1項（賃貸人の修理義務）に規定する賃貸人の修理義務とその免責範囲等を定めているものである場合は，請負に関する契約書とはならない。

(4)　家畜預託契約書

　肥育を目的として家畜を飼養するために預託することを約し，それに対し報酬を支払うことを約する契約は請負契約であるから，第2号文書（請負に関する契約書）に該当する。

(5)　税理士委嘱契約書

　税理士委嘱契約書は，委任に関する契約書に該当するから課税文書に当たらないが，税務書類の作成を目的とし，これに対して一定の金額を支払うことを約した契約書は，第2号文書（請負に関する契約書）に該当する。

　また，公認会計士（監査法人を含む）と被監査法人との間において作成する監査契約書は，第2号文書として取扱われる。

(6)　広告契約書

　一定の金額で一定の期間，広告スライド映写，新聞広告またはコマーシャル放送等をすることを約する広告契約書は，その内容により第2号文書（請負に関する契約書）または，第7号文書（継続的取引の基本となる契約書）に該当する。

4 約束手形、為替手形(第3号文書)

1. 約束手形，為替手形の意義

約束手形または為替手形とは，手形法の規定により約束手形または為替手形たる効力を有する証券をいい，振出人またはその他の手形当事者が他人に補充させる意思をもって未完成のまま振出した手形(「白地手形」という)も，これに含まれる。

2. 課税標準および税率

(1) (2)に掲げる手形以外の手形

次に掲げる手形金額の区分に応じ，1通につき，次に掲げる税率とする。

100万円以下のもの	200円
100万円を超え200万円以下のもの	400円
200万円を超え300万円以下のもの	600円
300万円を超え500万円以下のもの	1,000円
500万円を超え1,000万円以下のもの	2,000円
1,000万円を超え2,000万円以下のもの	4,000円
2,000万円を超え3,000万円以下のもの	6,000円
3,000万円を超え5,000万円以下のもの	1万円
5,000万円を超え1億円以下のもの	2万円
1億円を超え2億円以下のもの	4万円
2億円を超え3億円以下のもの	6万円
3億円を超え5億円以下のもの	10万円
5億円を超え10億円以下のもの	15万円
10億円を超えるもの	20万円

(2) 次に掲げる手形　1通につき　　　　　　　200円

① 一覧払の手形(手形法(昭和7年法律第20号)第34条第2項(一覧払の為替手形の呈示開始期日の定め)(同法第77条第1項第2号(約束手形

への準用）において準用する場合を含む）の定めをするものを除く）
② 日本銀行又は銀行その他政令で定める金融機関を振出人および受取人とする手形（振出人である銀行その他当該政令で定める金融機関を受取人とするものを除く）＜注＞
③ 外国通貨により手形金額が表示される手形
④ 外国為替及び外国貿易管理法に規定する非居住者の本邦にある外国為替公認銀行に対する本邦通貨をもって表示される勘定を通ずる方法により決済される手形で政令で定めるもの
⑤ 本邦から貨物を輸出し又は本邦に貨物を輸入する外国為替及び外国貿易管理法第6条第1項第5号（定義）に規定する居住者が本邦にある外国為替公認銀行を支払人として振り出す本邦通貨により手形金額が表示される手形で政令で定めるもの

　これは，円建BA市場で流通する，いわゆる「信用状付円建貿易手形」，「アコモデーション手形」及び「直ハネ手形」をいう。

⑥ ⑤に掲げる手形及び外国の法令に準拠して外国において銀行業を営む者が本邦にある外国為替公認銀行を支払人として振り出した本邦通貨により手形金額が表示される手形で政令で定めるものを担保として，外国為替公認銀行が自己を支払人として振り出す本邦通貨により手形金額が表示される手形で政令で定めるもの

　これは，円建BA市場で流通する，いわゆる「リファイナンス手形」をいう。

＜**注**＞
手形の税率が軽減される金融機関（令第22条）
① 信託会社
② 保険会社
③ 信用金庫および信用金庫連合会
④ 労働金庫および労働金庫連合会
⑤ 農林中央金庫
⑥ 商工組合中央金庫

⑦ 信用協同組合および信用協同組合連合会
⑧ 農業協同組合および農業協同組合連合会
⑨ 漁業協同組合および漁業協同組合連合会，水産加工業協同組合および水産加工業協同組合連合会
⑩ 金融商品取引法に規定する証券金融会社
⑪ コール資金の貸付けまたは貸借の媒介を業として行う者のうち財務大臣の指定するもの（上田短資，東京短資，山根短資，日本割引短資，名古屋短資，八木短資）
＊ 上記⑧及び⑨に掲げるものにあっては，貯金または定期積金の受入れを現に行っているものに限られる。

3. 非課税物件

- 手形金額が10万円未満の手形
- 手形金額の記載のない手形
- 手形の複本又は謄本

4. 留意事項

(1) 振出人の署名を欠く白地手形の作成者

振出人の署名を欠く白地手形で引受人またはその他の手形当事者の署名のあるものは，その引受人またはその他の手形当事者がその手形の作成者となる。

(2) 一覧払の手形の意義

一覧払の手形とは，手形法第34条第1項に規定する支払のための呈示をした日を満期日とする約束手形または為替手形をいい，満期の記載がないため一覧払のものとみなされる為替手形および為替手形が含まれる。

(3) 満期日の記載がないかどうかの判定

「満期日の記載がない」とは，その手形に手形期日の記載が全くない場合またはこれと同視すべき場合をいい，手形用紙面の支払期日，満期等の文字を

抹消しないで，単にその欄を空欄のままにしてあるものは，一覧払の手形に該当しない。

(4) 白地手形の作成時期

　白地手形の作成時期は，手形の所持人が記載要件を補充した時ではなく，その作成者が他人に交付した時である。

　ただし，金額白地の手形については，金額を補充した者が金額を補充した時に作成したものとみなされている（法第4条第1項）。

5 継続的取引の基本となる契約書(第7号文書)

1. 継続的取引の基本となる契約書の意義

継続的取引の基本となる契約書とは,特約店契約書,代理店契約書,銀行取引契約書その他の契約書で,特定の相手方との間に継続的に生ずる取引の基本となるもののうち,政令で定める次のものをいう。ただし,契約期間が3カ月以内であり,かつ期間の更新に関する定めのないものは除かれる。

(1) 特約店契約書その他名称のいかんを問わず,営業者の間において,売買,売買の委託,運送,運送取扱いまたは請負に関する2以上の取引を継続して行うために作成される契約書で,当該2以上の取引に共通して適用される取引条件のうち,目的物の種類,取扱数量,単価,対価の支払方法,債務不履行の場合の損害賠償の方法または再販売価格を定めるもの(電気またはガスの供給に関するものを除く)。

(2) 代理店契約書,業務委託契約書その他名称のいかんを問わず,売買に関する業務,金融機関の業務,保険募集の業務または株式の発行もしくは名義書替えの事務を継続して委託するため作成される契約書で,委託される業務または事務の範囲または対価の支払方法を定めるもの。

(3) 銀行取引約定書その他名称のいかんを問わず,金融機関から信用の供与を受ける者と当該金融機関との間において,貸付け(手形割引および当座貸越しを含む),支払承諾,外国為替,その他の取引によって生ずる当該金融機関に対する一切の債務の履行について包括的に履行方法その他の基本的事項を定める契約書。

(4) 信用取引口座設定約定書その他名称のいかんを問わず,証券会社または商品取引員とこれらの顧客との間において,有価証券または商品の売買に関する2以上の取引を継続して委託するため作成される契約書で,当該2以上の取引に共通して適用される取引条件のうち,受渡しその他の決済方法,対価の支払方法または債務不履行の場合の損害賠償の方法を定めるもの。

(5) 保険特約書その他名称のいかんを問わず，損害保険会社と保険契約者との間において，2以上の保険契約を継続して行うため作成される契約書で，これらの保険契約に共通して適用される保険要件のうち保険の目的の種類，保険金額または保険料率を定めるもの（令第26条）。

2. 課税標準および税率
1通につき　4,000円

3. 非課税物件
なし

> ＜注＞
> 令第26条の規定に該当する文書であっても，契約期間が3カ月以内で，かつ，更新に関する定めのないものは，第7号文書から除かれるが，当該文書については，その内容によりその他の号に該当するかどうかを判断することが必要となる。
> ① 物品の売買に関するもの　不課税
> ② 売買の委託に関するもの　不課税
> ③ 運送に関するもの　第1号の4文書
> ④ 運送取扱いに関するもの　不課税
> ⑤ 請負に関するもの　第2号文書
> ⑥ 売買に関する業務，金融機関の業務等の委託に関するもの　不課税

4. 課税文書の具体例
・農協取引約定書
・為替業務委託契約書
・運送基本契約書
・貯金口座引落契約書（農協，信連間）
・販売委託契約書

5. 留意事項
(1) 契約期間が3カ月を超えるものの判断
　第7号文書に該当するかどうかは，次の期間的要件のいずれかに該当すれば，第7号文書に該当するものとして取扱われる。
① 契約期間の定めがないもの
② 3カ月を超える契約期間の定めがあるもの
③ 3カ月以内の契約期間が定められているが，更新の定めが併せて記載されているもの

　なお，「契約期間の記載があるもの」とは，その文書に契約期間が具体的に記載されていて，かつ，その期間が3カ月以内であるものをいう。したがって，たとえば，「契約期間は〇月〇日付の協定書の期間とする」と記載された契約書は，契約期間が具体的に記載されているものには該当しない。

(2) 令第26条第1号に該当する文書の要件
　令第26条第1号の特約店契約書等に該当するものは，次の4項目の要件を満たすものである（基通第7号文書の3〜14）。
① 営業者の間の契約であること

　営業者の間とは，契約の当事者の双方が営業者である場合をいい，営業者の代理人として非営業者が契約の当事者となる場合も含まれる。

　営業者とは，一般には営業を行っている者をいい，株式会社や有限会社などの営利会社，個人商店などの営業者がこれに該当し，また，農協等がその出資者以外の者と行う取引も営業者の行為となる。

　したがって，農協，信用金庫等が出資者との間で契約する場合には，出資者がたとえ営業者であっても，営業者の間の契約にはならない。

② 売買，売買の委託，運送，運送取扱い，または請負のいずれかの取引に関する契約であること
　・「売買」とは，売主が買主に財産権を有償で譲渡することであり，売買の目的物の種類は問われず何でもよい。
　・「売買の委託」とは，特定の物品等を販売しまたは購入することを相

手方に委託することをいう。
- 「請負」とは，当事者の一方がある仕事を完成させ，その仕事の結果に対して相手方が対価を支払うことをいう。

③ 2以上の取引を継続して行うための契約であること

契約の目的となる取引が2回以上継続して行われることをいい，売買の目的物の引渡し等が数回に分割して行われるものであっても，その取引が1取引である場合の契約書は，これに該当しない。

④ 2以上の取引に共通して適用される取引条件のうち，目的物の種類，取扱数量，単価，対価の支払方法，債務不履行の場合の損害賠償の方法，再販売価格のうち，1以上の事項を定めるものであること。

- 「目的物の種類～定めるもの」とは，これらのすべてを定めるものだけをいうのではなく，これらのうち1つでも定めたものは該当することになる。
- 「対価の支払方法」とは，たとえば「毎月分を翌月10日に支払う」とか「60日手形で支払う」，「借入金と相殺する」，「貯金口座振込の方法により支払う」などのように，対価の支払いに関する手段方法を具体的に定めるものをいう。

 したがって，単に「持参して支払う」とか「相殺することができる」というようなものは対価の支払手段であって対価の支払方法を定めたことには該当しない。

- 「債務不履行の場合の損害賠償の方法」とは，契約の不履行が生じた場合に，その損害賠償として給付する金額等の計算方法または給付方法等を定めることをいう。

 たとえば，「代金支払不履行の場合は，延滞金100円につき日歩5銭の割合の損害金を支払う」などがこれにあたる。

 したがって，すでに契約不履行の事態が生じているときに，その損害の賠償方法を定めるものは，これに含まれない。

(3) 令第26条第2号に該当する文書の要件

　令第26条第2号の代理店契約書，業務委託契約書等に該当するものは，次の要件を満たすものである。

　① 売買に関する業務の委託

「売買に関する業務の委託」とは，特定の物品等の販売または購入を委託するものではなく，売買に関する業務の全部または一部を包括的に委託することをいう。

　なお，会社等が販売代金の収納事務を農協等に委託する場合において，農協等がその販売代金を積極的に集金することまで委託したものは集金業務（売買に関する業務）の委託になるが，単に窓口において収納するだけのものは，「委任に関する契約」となり，課税文書にならない。

　② 金融機関の業務の委託

「金融機関の業務」とは，金融機関（銀行，証券会社，信用金庫，農業協同組合，漁業協同組合，貸金業者，割賦金融業者など金融業務を営むすべてのものをいう）における預金業務，貸出業務，出納業務，為替業務等の金融機関の本来の業務はもちろん，他の者からの委託により受託者として行うことになる振込業務，取立業務なども含まれる。

　③ 委託される業務または事務の範囲

「委託される業務または事務の範囲または対価の支払方法」とは，これらのすべてを定めるものだけをいうのではなく，これらのうちの1つでも定めたものは該当することになる。

(4) 令第26条第3号の銀行取引約定書等の要件

　これに該当する文書は，各種の取引によって生ずる一切の債務について適用される包括的な履行方法その他の基本的事項を定めるものに限られるので，具体的には，銀行取引約定書，農協取引約定書等といわれるものである。

　したがって，貸付け（手形割引，当座貸越を含む），支払承諾，外国為替等の項目ごとに個々の債務の履行方法その他の基本的事項を定めた次のようなものは，第7号文書に該当しない。

・当座勘定取引約定書

・当座勘定借越約定書

・手形取引約定書

・支払承諾約定書

(5) **公金の取扱いに関する文書の範囲**

　地方公共団体の収納代理金融機関が，その地方公共団体から委託された公金の取扱事務を，自己の収納代理金融機関となっていない組合員である金融機関に再委託した場合において，当該金融機関の間でその再委託した業務の範囲及び事務の処理方法を定める契約書は，公金の取扱いに関する文書には該当しない。

　この文書は，金融機関の業務を継続的に委託するための契約書で委託される業務の範囲を定めるものであるから，委任に関する契約書（不課税文書）と第7号文書（継続的取引の基本となる契約書）とに該当するので第7号文書となる。

(6) **保険料の預金口座振替契約書**

　生命保険会社が金融機関に対して，保険契約者からの保険料の口座振替による収納事務を委託する「生命保険料の預金口座振替に関する契約書」と称する文書は，金融機関（生命保険会社）が他の金融機関に委託する業務の範囲および対価の支払方法を定めるものであるから，令第26条第2号に該当し第7号文書（継続的取引の基本となる契約書）となる。

(7) **日本電信電話株式会社収入金収納事務委託契約書**

　日本電信電話株式会社と金融機関との間において日本電信電話株式会社収入金の収納事務を委託することを内容とする「日本電信電話株式会社収入金の収納事務に関する契約書」は委任に関する契約書に該当し不課税文書となるが，日本電信電話株式会社から委託を受けた金融機関が他の金融機関に委託することを内容とするものは，第7号文書（継続的取引の基本となる契約書）に該当する。

(8) 為替貸借決済協定書

　すでに定めている金融機関相互間における為替取引についての為替取引契約書（継続的取引の基本となる契約書）に基づき，為替取引の貸借決済についての決済店および決済方法等を定める為替貸借決済協定書は，課税文書に該当しない。

　また，すでに定めている金融機関相互間における為替取引契約書（継続的取引の基本となる契約書）に基づき，為替取引を行う場合の加入電信に関する取扱手続を定める協定書も，課税文書に該当しない。

(9) 振込み取次契約書

　漁業協同組合が，信用漁業協同組合連合会に対し，系統外金融機関あての振込みの取次等を継続して委託する契約書は，令第26条第2号に規定する金融機関の事務を継続して委託するためのもので委託される業務または事務の範囲を定めるものであるから，第7号文書（継続的取引の基本となる契約書）に該当する。

6 預貯金証書(第8号文書)

1. 預貯金証書の意義

「預貯金証書」とは，銀行その他の金融機関等で法令の規定により預金または貯金業務を行うことができる者が，預金者または貯金者との間の消費寄託の成立を証明するために作成する免責証券たる預金証書または貯金証書をいう。

なお，会社等が作成する勤務先預金証書も預貯金証書として取扱われる。

2. 課税標準および税率

　　1通につき　　200円

3. 非課税物件

信用金庫その他政令で定める金融機関の作成する預貯金証書で，記載された預入額が1万円未満のもの

> ＜注＞
>
> 預貯金通帳等が非課税となる金融機関の範囲
>
> 法別表第1第8号及び第18号の非課税物件の欄に規定する政令で定める金融機関は，次に掲げる金融機関とする（令第27条）。
> ① 信用金庫連合会
> ② 労働金庫および労働金庫連合会
> ③ 農林中央金庫
> ④ 商工組合中央金庫
> ⑤ 信用協同組合および信用協同組合連合会
> ⑥ 農業協同組合および農業協同組合連合会
> ⑦ 漁業協同組合，漁業協同組合連合会，水産加工業協同組合および水産加工業協同組合連合会

4. 留意事項

(1) 定期積金証書の取扱い

定期積金は，一定期間毎月一定の掛金を積立て，満期日に利息を計算することなく一定のまとまった金額を支払うもので，預貯金とは性格が異なり，金融機関が顧客のために金銭を保管することを約したものではないので，第14号文書（金銭の寄託に関する契約書）には該当しない。

したがって，積金証書は課税文書に該当しないこととなる（基通第8号文書の3）。

(2) 貯金証書の名義変更

貯金証書の貯金者名をAからBに書換える場合に，既に交付している貯金証書の提供を受け，これの名義人をAからBに変更して再交付することがある。

このように，貯金証書の貯金者名を変更することは，貯金債権者の変更による貯金契約の更改となるので，再交付する貯金証書は，新たな第8号文書（預貯金証書）の作成となり改めて印紙税が課税される。

(3) 2年定期貯金証書に対する子定期貯金の追記

2年定期貯金証書を交付している場合に，1年経過後にその定期貯金証書の呈示をうけて，その「子定期貯金」欄に利息相当額を記載したときは，新たな貯金証書を作成したものとみなされ，収入印紙の貼付が必要となる（法第4条第3項）。

(4) 自動継続扱定期貯金証書

「自動継続扱定期貯金証書」は，定期貯金契約の際に，預入れ事実を記載証明すると同時に，その貯金額を自動継続事項記入欄（記入年月日，貯金残高，証印の付込み欄がある）に貯金残高として付け込み，以後自動継続が行われる都度，その貯金残高を付け込むこととしているものであるが，定期貯金の預入れ事実を記載証明する部分は，第8号の預貯金証書に該当し，また，自動継続事項記入欄への付込み部分は第18号の預貯金通帳に該当する。

したがって，当該文書は第8号文書と第18号文書に該当し，通則3のニの規定により第18号文書となる。

なお，農協等が作成する貯金通帳は非課税となる。

7　債務の保証に関する契約書（第13号文書）

1. 債務の保証の意義

　債務の保証とは，主たる債務者がその債務を履行しない場合に，保証人がこれを履行することを債権者に対し約することをいい，連帯保証を含む。

　なお，他人の受けた不測の損害を補てんする損害担保契約は，債務の保証に関する契約には該当しない。

> ＜注＞
> 　損害担保契約とは，ある人が一定の事項または事業などから受けるかもしれない損害を補てんすることを約する契約をいう。これは保証契約に類似しているが，保証契約は主たる債務が存在することを前提とするものであるのに対し，主たる債務が存在せず独立して成立する点で異なる。

2. 課税標準および税率

　　1通につき　　200円

3. 非課税物件

　　身元保証に関する契約書

4. 課税文書の具体例

　　・債務保証委託証書
　　・保証加入証書
　　・借入申込書

5. 留意事項

(1) 債務の保証委託契約書

　「債務の保証に関する契約」とは，第三者が債権者との間において，債務者

の債務を保証することを約するものをいい，第三者が債務者に対しその債務の保証を行うことを約するものを含まない。

なお，第三者が債務者の委託に基づいて債務者の債務を保証することについての保証委託契約書は，委任に関する契約書に該当し課税文書に当たらないことに留意する。

(2) 主たる債務の契約書に併記した債務の保証に関する契約書

消費貸借契約書には債務者と一緒に保証人が署名押印する取扱いが一般的である。このように主たる債務の契約書に併記した保証契約については，その主たる債務の契約書が課税文書に該当しない場合であっても例外的に課税事項として取扱われないことになっている。

しかし，主たる債務の契約書に併記された保証契約部分を変更または補充する契約書については，保証契約のみが記載され主たる債務が記載されていないから，課税対象となる。また，契約書に該当しない文書（申込書等）に債務保証の事項が記載されたものは，主たる債務の契約書に併記したものではないから，課税対象となる。

(3) 借入申込書に保証人が署名押印した場合

借入申込書に保証人自身が署名押印した場合は，主たる債務の成立を条件とする保証の予約となり課税される。

主たる債務の契約書に併記した保証契約は，課税されないが，借入申込書そのものは単なる申込文書であるから契約書に該当しない。したがって，申込書に保証の事項を記載したものは，第13号文書となる。

(4) 裏面に農協取引約定の記載のある保証書

農協取引約定書を差し入れている者の債務を第三者が保証する場合に作成する「保証書」は，農協取引約定書の各条項に従って保証することとするため，その裏面に本人の差し入れた農協取引約定書の条項が印刷されており，表面に保証人と債務者本人が連名で署名，押印することとなっているが，保証人の保証を目的とするものであるから，本人の債務の契約書，すなわち，主たる債務の契約書に併記したものには該当せず，第13号文書（債務の保証

に関する契約書）に該当する。

なお，この場合における保証書は，その作成目的からみて第7号文書（継続的取引の基本となる契約書）には該当しないが，裏面に農協取引約定を加刷することが併せて債務者本人の債務の履行方法を定めるためのものであるときは，第7号文書にも該当することとなる。

(5) 債務保証依頼書

農協等から資金を借入れようとする者が，信用保証協会に対して保証を依頼するための債務保証依頼書に，連帯保証人が連署している。この保証依頼書への連署は，債務保証依頼者が信用保証協会に対して，農協からの資金借入れにあたっては当該保証協会のほかに署名者が連帯保証人になることを通知するためのものであるから，第13号文書（債務の保証に関する契約書）には該当しない。

(6) 保証意思確認書

当座貸越，手形貸付，手形割引等の信用の供与を行っている農協等が，その取引先との間で締結した農協取引約定書等において取引先の保証人となっている者から，契約締結後一定期間が経過したときに，その保証を継続する意思があるかどうかを確認する（保証期間を延長するものではない）ために徴する「確認書」と称する文書は，すでに農協取引約定書等により成立している保証契約について，その契約の効力が継続していることを確認し，今後も継続する意思があることを確認するために提出するものであり，この文書によって新たに保証契約が成立するものではなく，また，保証契約を更改するものでもないから第13号文書（債務の保証に関する契約書）には該当しない。

(7) 取引についての保証契約書

特定の第三者の取引等について事故が生じた場合には一切の責任を負担する旨をその第三者の取引先に約することを内容とする契約者は，損害担保契約書であることが明らかであるものを除き，第13号文書（債務の保証に関する契約書）として取扱われる。

8 金銭又は有価証券の寄託に関する契約書(第14号文書)

1. 寄託の意義

「寄託」とは,民法第657条に規定する寄託をいい,同法第666条に規定する消費寄託も含まれる。

「寄託」とは,当事者の一方(受寄者)が相手方(寄託者)のために物(受寄物)を保管する契約をいう。

すなわち,寄託者が受寄者にある物を引き渡してその保管を依頼し,受寄者がこれを承諾することによって成立する契約である。

また,「消費寄託」とは,受寄者が受寄物を消費することができ,これと同種,同等,同量の物を返還すればよい寄託をいう。

銀行の預金は,消費寄託の代表的なものである。預貯金証書は第8号文書に該当し,第14号文書には該当しない。

2. 課税標準および税率

　　1通につき　200円

3. 非課税物件

　　なし

4. 課税文書の具体例

　　・貯金の預り証

　　・貯金受払報告書

　　・貯金に関する契約書

　　・貯金予約申込書

5. 留意事項

(1) **預り証(含仮預り証)**

農協の渉外担当者が得意先から貯金として金銭を受入れた場合または金融機関の窓口等で貯金通帳の提示なしに貯金を受け入れた場合に作成する預り証等で,その記載文言から金銭を保管する目的で受領するものであることが明らかなものは,第14号文書として取扱われる。

なお，金銭の受領事実だけを証明目的とすると認められるものは，第17号文書として取扱われるが，第14号文書と第17号文書との区分は，おおむね次のように取扱われる。

① 第14号文書となるもの

a．預り証，貯金取次票，入金受付票など金銭の寄託を証明する目的で作成されると認められる名称を用いており，かつ，貯金としての金銭を受領したことが文書上明らかなもの

b．受取書，受領書などの名称を付しているが，受託文言，口座番号，貯金期間など寄託契約の成立に結びつく事項が記載されているもの

② 第17号文書となるもの

a．受取書，受領証などの名称が付されていて，単に受領原因としての貯金の種類が記載されているもの

b．預り証，入金取次票などの名称が付されているが，文書上，貯金の預りであることが明らかにできないもの（例：家屋の賃貸借に係る敷金の預り証）

なお，農協の渉外担当者が得意先から貯金として金銭を受取った際に「入金伝票」，「入金取次票」と複写でその内容を記載し，受付印を押印して得意先に交付する「入金取次票控」は，貯金の科目，口座番号が記載され，貯金に入金する目的で金銭を受取ったことを証明するものであることが明らかであるから，第14号文書（金銭の寄託に関する契約書）に該当する。

＜例＞

農協が貯金として受領した金銭につき，貯金証書または貯金通帳を発行するまでの間に作成する貯金の受領書で，たとえば「一金３万円但し普通預金として上記金額受取りました」と記載したものは受領原因として単に貯金の種類が記載されているのみであるから，第14号文書（金銭の寄託に関する契約書）には該当せず，第17号文書（金銭の受取書）として取扱われる。

(2)　当座勘定照合表

　当座勘定契約は，貯金契約であるとともに支払事務等の委任契約でもある。

　したがって，未回収小切手等の照合を目的として作成される当座勘定照合表は，専ら事務処理の結果を報告するために作成する文書と認められているから第14号文書に該当しない。これは，当座勘定照合表には，当座貯金の受入れ事実の記載があるが，当座貯金の受入れにあたっては，当座勘定入金帳（貯金通帳）が用いられているため，この入金帳によって個々の受入れ事実が記載証明されているからである。

　なお，当座勘定入金帳が作成されていない場合における当座勘定照合表で取引の明細として個々の取引内容を証明することを目的とした文書のうち，預金の受入事実が記載されているものは，第14号文書として取扱われることになる。

(3)　定期貯金証書の預り証

　定期貯金証書を「継続書替」のために預った際に作成する文書は，定期貯金証書を預った事実を証するために作成されたものであり，継続の方法により貯金契約を更改することを証明目的とした文書とはいえないから，課税文書に該当しない。

　なお，その預り証に継続後の定期貯金の内容が具体的に記載されているものについては，定期貯金契約の更改の事実を証する文書となり第14号文書に該当することとなる。

(4)　普通貯金未記帳取引照合表

　普通貯金取引を行っている顧客については，自動貯金（支払）機の利用，貯金口座振替等の普通貯金通帳への未記帳部分が一定件数に達した場合には，電算機による管理上，その未記帳部分を合算して通帳に一括記帳することとし，顧客には「普通貯金未記帳取引照合表」を送付することとしているが，この文書は，別途普通貯金通帳に取引の内容を記載証明することとしている顧客に対して交付するものであり，専ら未記帳取引の照合を目的とするもので，金銭の寄託契約の成立を証明する目的で作成するものではないから，

第14号文書（金銭の寄託に関する契約書）としては取扱われない。

なお，無通帳貯金取引の場合のように，貯金取引の明細として個々の取引内容を証明することを目的とした文書のうち，貯金の受入事実の記載のあるものは，第14号文書に該当することとなる。

(5) **勤務先貯金明細書等**

勤務先貯金について，貯金通帳の発行に代え，一定期間中の貯金取引の明細を記載して貯金者に交付する勤務先貯金明細書等と称する文書は，第14号文書（金銭の寄託に関する契約書）に該当する。

なお，一定期間中の受入金および払戻金の合計額並びに残額のみを記載した預金残高通知書等と称する文書は，第14号文書には該当しない。

(6) **現金自動貯金機等から打ち出されるご利用明細票**

現金自動貯金機等を利用して貯金を行う場合において，貯金の預入れ事実を証明するため，その現金自動貯金機等から打ち出される預入年月日，預入額，預入後の貯金残額及び口座番号等の事項を記載した紙片（ご利用明細票）は，第14号文書（金銭の寄託に関する契約書）に該当する。

なお，あらかじめ専用のとじ込み用表紙を貯金者に交付しておき，その紙片を専用のとじ込み用表紙に順次編つすることとしている場合は，その全体が貯金通帳として取扱われる（農協の場合は非課税）。

(7) **財産形成積立定期貯金契約の証**

勤労者財産形成促進法に基づく積立定期貯金契約が成立し，初回の預入金が従業員から事業主を通じて農協に払い込まれたときに，農協において預入れの事実を記載するとともに，預入金額，積立期限，満期日等を記載証明のうえ，従業員に交付する「財産形成積立定期貯金契約の証」は，貯金契約の成立事実を証明するものではあるが，免責証券としての性格を有するものではないから，第8号文書（貯金証書）には該当せず，貯金としての初回預入金を預かったことを証明するものであるから，第14号文書（金銭又は有価証券の寄託に関する契約書）に該当する。

(8) **財産形成定期貯金残高通知書**

　財産形成積立定期貯金（以下「財形貯金」という）を行っている貯金者に対して，一定期間中の財形貯金の入金額及びその残高を明らかにするために交付される「財産形成定期貯金残高通知書」等については，その記載内容からみて，財形貯金の入金事実を証明する目的で作成されるものではなく，一定の日における財形貯金の残高を通知するための文書と認められているものは，課税文書に該当しないが，一定の日における財形貯金の残高を通知するほか，一定期間における財形貯金の個々の取引内容を記載することとなっていて，その記載が，財形貯金の入金事実を証明するためのものと認められるものは，第14号文書（金銭又は有価証券の寄託に関する契約書）に該当する。

(9) **カードご利用明細**

　貯金者が現金自動預入支払機（ATM）を利用して，貯金者の貯金口座から被振込人の貯金口座へ送金のための操作を行った場合に，現金自動預入支払機から自動的に打ち出される「カードご利用明細」は，貯金者の貯金口座から貯金を払い出し，これを貯金者の指定した被振込人の貯金口座に振込んだ事実を明確にするために交付されるものであり，課税事項の記載がないことから課税文書に該当しない。

　なお，貯金として現金を預け入れた場合に打ち出される「カードご利用明細」は，第14号文書（金銭の寄託に関する契約書）に該当する。

(10) **キャッシュカード署名，暗証番号届**

　キャッシュカードの利用を希望する貯金者が農協に提出するキャッシュカード署名，暗証番号届については，この文書を提出することにより実質的に貯金契約の払戻方法が変更されることになるが，文書の内容がキャッシュカードを利用する際に使用する署名及び暗証番号を届け出るものにすぎないと認められるものは，課税文書に該当しない。

(11) **2年定期中間払利息取扱指定書**

　預入期間2年の定期貯金について，預入1年後に利息の中間払いが行われる際に，その中間利息について，貯金者が預入先の金融機関に対して，あら

かじめ支払方法を指定するために作成する「2年定期中間払利息取扱指定書」と称する文書は、その支払方法の記載内容によって次のように取扱われる。
① 期間1年の定期貯金に預け入れとあるもの……貯金契約（予約）の成立を証するものであるから第14号文書（金銭の寄託に関する契約書）に該当する。
② 指定する貯金口座への振替えとあるもの……不課税文書となる。
③ 利払日以後に現金支払いとあるもの……不課税文書となる。

〔**参考**〕有価証券の意義

第14号文書および第17号文書の取扱いにおいて有価証券とは、財産的価値のある権利を表彰する証券であって、その権利の移転、行使が証券をもってなされることを要するものをいい、金融商品取引法に定める有価証券に限らない。

＜有価証券に該当するもの＞

株券、国債証券、地方債証券、社債券、出資証券、投資信託の受益証券、貸付信託の受益証券、特定目的信託の受益証券、約束手形、為替手形、小切手、貨物引換証、船荷証券、倉庫証券、商品券、社債利札、プリペイドカード等

＜有価証券に該当しないもの＞

① 権利の移転や行使が必ずしも証券をもってなされることを要しない単なる証拠証券

＜例＞
借用証書，受取証書，運送状

②債務者が証券の所持人に弁済すれば、その所持人が真の権利者であるかどうかを問わず、債務を免れる単なる免責証券

＜例＞
小荷物預り証，下足札，預貯金証書

③ 証券自体が特定の金銭的価値を有する金券類

＜例＞
郵便切手，収入印紙

(12) **預金口座振替依頼書**

　預金契約を締結している金融機関に対して，電信電話料金，電力料金，租税等を預金口座振替の方法により支払うことを依頼する場合に作成する預金口座振替依頼書は，預金の払戻し方法の変更を直接証明する目的で作成するものでないから，第14号文書（金銭の寄託に関する契約書）に該当しないものとして取り扱われる。

(13) **金融機関に対する債務などの預金口座振替依頼書**

　預金契約を締結している金融機関に対し，当該金融機関に対する借入金，利息金額，手数料その他の債務，又は積立式の定期預金もしくは積金を預金口座から引き落して支払い又は振り替えることを依頼する場合に作成する預金口座振替依頼書は，第14号文書（金銭の寄託に関する契約書）に該当しないものとして取り扱われる。

　なお，金融機関に対する債務を預金口座から引き落して支払うことを内容とする文書であっても，原契約である消費貸借契約等の契約金額，利息金額，手数料等の支払方法又は支払期日を定めることを証明目的とするものは，その内容により，第1号の3文書（消費貸借に関する契約書）等に該当することになる。

9 債権譲渡又は債務引受けに関する契約書(第15号文書)

1. **物件名**

債権譲渡または債務引受けに関する契約書

2. **債権譲渡等の定義**

(1) 債権譲渡

債権譲渡とは,債権をその同一性を失わせないで旧債権者から新債権者へ移転させることをいう。

(2) 債務引受け

債務引受けとは,債務をその同一性を失わせないで債務引受人に移転することをいい,従来の債務者もなお債務者の地位にとどまる重畳的債務引受けもこれに含まれる。

3. **課税標準および税率**

　　1通につき　　200円

4. **非課税物件**

契約金額の記載のある契約書のうち,当該契約金額が1万円未満のもの

5. **課税文書の具体例**

・債務引受契約書

・債権譲渡契約書

6. **留意事項**

(1) 債務引受けに関する契約書

債務引受けに関する契約とは,第三者が債権者との間において債務者の債務を引き受けることを約するものをいい,債権者の承諾を条件として第三者

と債務者との間において債務者の債務を引き受けることを約するものも含まれる。

　なお，第三者と債務者との間において，第三者が債務者の債務の履行を行うことを約する文書は，委任に関する契約書に該当するのであるから，課税文書に当たらないことに留意する。

(2)　**債権譲渡通知書**

　債権譲渡契約をした場合において，譲渡人が債務者に通知する債権譲渡通知書および債務者がその債権譲渡を承諾する旨の記載をした債権譲渡承諾書は，課税文書とはならない。

(3)　**電話加入権の譲渡契約書**

　電話加入権の譲渡契約書は，第15号文書に該当するものとして取扱われる。

10 金銭又は有価証券の受取書（第17号文書）

1. 物件名
(1) 売上代金に係る金銭または有価証券の受取書（第17号の1文書）
(2) 金銭または有価証券の受取書で(1)に掲げる受取書以外のもの（第17号の2文書）

2. 受取書の定義
(1) 売上代金に係る金銭または有価証券の受取書とは，資産を譲渡しもしくは使用させること（当該資産に係る権利を設定することを含む）または役務を提供することによる対価（手付けを含み，有価証券取引税法（昭和28年法律第102号）第2条（定義）に規定する有価証券の譲渡の対価，保険料その他政令で定めるものを除く。以下「売上代金」という）として受け取る金銭または有価証券の受取書をいい，次に掲げる受取書を含むものとする。

① 当該受取書に記載されている受取金額の一部に売上代金が含まれている金銭または有価証券の受取書および当該受取金額の全部または一部が売上代金であるかどうかが当該受取書の記載事項により明らかにされていない金銭または有価証券の受取書

② 他人の事務の委託を受けた者（以下この欄において「受託者」という）が当該委託をした者（以下この欄において「委託者」という）に代わって売上代金を受取る場合に作成する金銭または有価証券の受取書（銀行その他の金融機関が作成する預貯金口座への振込金の受取書その他これに類するもので政令で定めるものを除く。④において同じ）

③ 受託者が委託者に代わって受取る売上代金の全部または一部に相当する金額を委託者が受託者から受取る場合に作成する金銭または有価証券の受取書

④ 受託者が委託者に代わって支払う売上代金の全部または一部に相当す

る金額を委託者から受取る場合に作成する金銭または有価証券の受取書

> <注>
> 売上代金に該当しない対価の範囲等
> 1. 法別表第1第17号の定義の欄に規定する政令で定める対価は、次に掲げる対価とする（令第28条）。
>   (1) 公債及び社債（特別の法律により法人の発行する債券を含む）並びに預貯金の利子
>   (2) 大蔵大臣と外国為替公認銀行との間または外国為替公認銀行相互間で行われる外国為替及び外国貿易管理法第6条第1項第8号（定義）に規定する対外支払手段又は同項第13号に規定する債権であって外国においてもしくは外国通貨をもって支払を受けることができるものの譲渡の対価
> 2. 法別表第1第17号の定義の欄ロに規定する政令で定める受取書は、銀行その他の金融機関が作成する信託会社（信託業務を兼営する銀行を含む）にある信託勘定への振込金又は為替取引における送金資金の受取書とする。

3. 課税標準および税率

(1) 売上代金に係る金銭または有価証券の受取書で受取金額の記載のあるもの。

次に掲げる受取金額の区分に応じ、1通につき、次に掲げる税率とする。

受取金額	税率
100万円以下のもの	200円
100万円を超え200万円以下のもの	400円
200万円を超え300万円以下のもの	600円
300万円を超え500万円以下のもの	1,000円
500万円を超え1,000万円以下のもの	2,000円
1,000万円を超え2,000万円以下のもの	4,000円
2,000万円を超え3,000万円以下のもの	6,000円
3,000万円を超え5,000万円以下のもの	1万円
5,000万円を超え1億円以下のもの	2万円
1億円を超え2億円以下のもの	4万円

2億円を超え3億円以下のもの	6万円
3億円を超え5億円以下のもの	10万円
5億円を超え10億円以下のもの	15万円
10億円を超えるもの	20万円

(2) (1)に掲げる受取書以外の受取書　1通につき　　200円

4. 非課税物件

(1) 記載された受取金額が5万円未満の受取書
(2) 営業（会社以外の法人で，法令の規定または定款の定めにより利益金または剰余金の配当または分配をすることができることとなっているものが，その出資者以外の者に対して行う事業を含み，当該出資者がその出資をした法人に対して行う営業を除く）に関しない受取書
　　＜注①，②＞
(3) 有価証券，預貯金証書（第8号），信託行為に関する契約書（第12号），金銭または有価証券の寄託に関する契約書（第14号），もしくは配当金領収書または配当金振込通知書（第16号）に追記した受取書
　　＜注③＞

> ＜注①＞
> 利益金または剰余金の分配をすることができる法人
> 「会社以外の法人で，法令の規定又は定款の定めにより利益金又は剰余金の配当又は分配をすることができることとなっているもの」には，おおむね次に掲げる法人がこれに該当する。
> ① 貸家組合，貸家組合連合会
> ② 貸室組合，貸室組合連合会
> ③ 事業協同組合，事業協同組合連合会
> ④ 事業協同小組合，事業協同小組合連合会
> ⑤ 火災共済協同組合，火災共済協同組合連合会
> ⑥ 信用協同組合，信用協同組合連合会
> ⑦ 企業組合

⑧　協業組合，塩業組合
⑨　消費生活協同組合，消費生活協同組合連合会
⑩　農林中央金庫
⑪　商工組合中央金庫
⑫　信用金庫，信用金庫連合会
⑬　労働金庫，労働金庫連合会
⑭　商店街振興組合，商店街振興組合連合会
⑮　船主相互保険組合
⑯　輸出水産業協同組合
⑰　漁業協同組合，漁業協同組合連合会
⑱　漁業生産組合
⑲　水産加工業協同組合，水産加工業協同組合連合会
⑳　共済水産業協同組合連合会
㉑　森林組合，森林組合連合会
㉒　蚕糸組合
㉓　農業協同組合，農業協同組合連合会
㉔　農事組合法人
㉕　貿易連合
㉖　相互会社
㉗　輸出組合（出資のあるものに限る。以下同じ）及び輸入組合
㉘　商工組合，商工組合連合会
㉙　生活衛生同業組合，生活衛生同業組合連合会
＊　ここに掲げる以外の法人については，当該法人に係る法令の規定または定款の定めにより判断する必要がある。

＜注②＞

営業の意義

　営業とは，一般に「営利を目的とした同種の行為を反復継続して行うこと」と解されているが，印紙税法上は，おおむね次のように取扱われている。

(1)　株式会社等の営利法人の行う行為→資本取引に関するものなど，基本通達別表第1において営業に関しないものとして取扱う行為を除いて，すべて営業に

該当する。
(2) 公益法人の行う行為→すべて営業に該当しない。
(3) 協同組合等の中間法人の行う行為→利益分配ができる法人が出資者以外の者と行う行為は営業に該当し，その他の行為は営業に該当しない。
(4) 人格のない社団の行為
  ① 非営利事業を目的とする人格のない社団の行為→すべて営業に関しない。
  ② ①以外の人格のない社団の行為→収益事業に関する行為は営業に該当し，その他の行為は営業に該当しない。
(5) 個人の行為→社会通念により判断することとなるが，商行為を業とするものは営業に該当する。

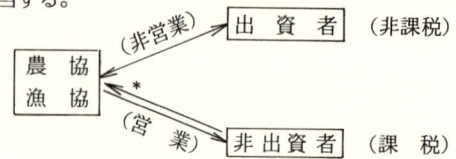

```
                  (非営業)    出 資 者    （非課税）
         農 協  ←――――→
         漁 協    *
                  (営 業)    非出資者    （課 税）
```

* 非出資者が発行する受取書は，当該非出資者が営業者である場合には課税文書となる。

なお，出資者には，出資者の家族（みなし組合員）は含まない。

<注③>
第8号，第12号，第14号，第16号以外の文書に受取りの事実を追記したときは新たな受取書の作成とみなされて課税対象となる。

5. 課税文書の具体例
(1) 売上代金の受取書
・貸付金利子の領収書
・手数料の領収書
・賃貸料の領収書
・商品販売代金の領収書
・工事請負代金の領収書

- 権利金領収書

(2) 売上代金以外の受取書

- 貸付金元金の受取書
- 保険料領収書
- 為替振込金の受取書
- 貯金，貯金利子の受取書
- 有価証券（有価証券取引税法第2条に規定する有価証券）の譲渡代金の受取書

6. 留意事項

(1) 金銭又は有価証券の受取書の意義

「金銭又は有価証券の受取書」とは，金銭または有価証券の引渡しを受けた者が，その受領事実を証明するため作成し，その引渡者に交付する単なる証拠証書をいう。

> <注>
> 文書の表題，形式がどのようなものであっても，また「相済」，「了」等の簡略な文言を用いたものであっても，その作成目的が当事者間で金銭又は有価証券の受領事実を証するものであるときは，第17号文書（金銭又は有価証券の受取書）に該当するのであるから留意する。

(2) 受取書の範囲

金銭または有価証券の受取書は，金銭または有価証券の受領事実を証明するすべてのものをいい，債権者が作成する債務の弁済事実を証明するものに限らないのであるから留意する。

(3) 受領事実の証明以外の目的で作成される文書

金銭または有価証券の受取書は，その作成者が金銭または有価証券の受領事実を証明するために作成するものをいうのであるから，文書の内容が間接的に金銭または有価証券の受領事実を証明する効果を有するものであっても，

作成者が受領事実の証明以外の目的で作成したもの（たとえば手形割引料計算書，預金払戻請求書等）は，第17号文書（金銭又は有価証券の受取書）に該当しない。

　課税文書とは，課税事項を証明する目的で作成される文書をいうのであるから（基通第2条），課税事項が間接的に証明される文書であっても，それを証明する目的で作成されたものでないときは，課税文書に該当しないわけである。

(4) 仮受取書

　仮受取書等と称するものであっても，金銭または有価証券の受領事実を証明するものは，第17号文書（金銭又は有価証券の受取書）に該当する。

　課税文書とは，課税事項を証明する目的で作成される文書をいう（基通第2条）のであるから，一つの課税事項について数通の文書を作成しても，それが課税事項を証明する目的で作成されたものであればすべて課税文書に該当する（基通第58条）。

　したがって，仮受取書であり，後日正式の受取書を作成することとしている場合であっても，金銭または有価証券の受領事実を証明する目的で作成されるものであるから，課税対象となる。

(5) 振込済みの通知書等

　売買代金等が貯金の口座振替又は口座振込の方法により債権者の貯金口座に振込まれた場合に，当該振込を受けた債権者が債務者に対して貯金口座への入金があった旨を通知する「振込済みのお知らせ」等と称する文書は，第17号文書（金銭の受取書）に該当する。

　自分の貯金口座に振込まれたことを相手方に通知する文書は，金銭の受領事実を証明する文書となる。

(6) 売上代金に該当するもの

　売上代金とは，次のものをいう。

　① 資産の譲渡による対価

　資産とは，不動産，動産，無体財産権，債権その他の権利の一切をいい，

これの譲渡の対価は売上代金となる。

　対価とは，ある給付に対する反対給付の価格をいう（対価性のない金銭または有価証券の受取書はすべて売上代金以外の受取書となる）。

　② 資産を使用させることによる対価

　「資産を使用させることによる対価」とは，たとえば土地や建物の賃貸料，建設機械のリース料，貸付金の利息，著作権，特許権等の無体財産権の使用料等，不動産，動産，無体財産権その他の権利を他人に使わせることの対価をいう。

　なお，債務不履行となった場合に発生する遅延利息は，これに含まれないのであるから留意する。

　③ 資産に係る権利を設定することによる対価

　「資産に係る権利を設定することによる対価」とは，たとえば家屋の賃貸借契約にあたり支払われる権利金のように，資産を他人に使用させるにあたり，当該資産について設定される権利の対価をいう。

　なお，家屋の賃貸借契約にあたり支払われる敷金，保証金等と称されるものであっても，後日返還されないこととされている部分がある場合には，当該部分は，これに含まれるのであるから留意する。

　④ 役務を提供することによる対価

　「役務を提供することによる対価」とは，たとえば，土木工事，修繕，運送，保管，印刷，宿泊，広告，仲介，興行，技術援助，情報の提供等，労務，便益その他のサービスを提供することの対価をいう。

(7) 売上代金の受取書に含まれるものの範囲

　印紙税法上，次の受取書は売上代金の受取書として取扱うこととされている。

　① 受取金額の一部に売上代金を含む受取書

　この場合の売上代金に係る受取書の記載金額については，その記載の仕方によって次のようになる（通則4のハ）。

　a．受取書の記載金額を売上代金に係る金額とその他の金額とに区分する

ことができるものは，売上代金に係る金額をその受取書の記載金額とする。
	b．受取書の記載金額を売上代金に係る金額とその他の金額とに区分することができないときは，その記載金額をその受取書の記載金額とする。
	c．bの場合に，その他の金額の一部だけ明らかにされているものは，その明らかにされている部分の金額を除いた金額をその受取書の記載金額とする。
② 受取金額の内容が明らかにされない受取書

受取金額の全部または一部が売上代金であるかどうかがその受取書の記載事項により明らかにされない受取書は，売上代金に係る受取書とみなされる。

この規定は，事実関係が売上代金以外の受取書であることが他の書類等により証明できる場合であっても，その受取書の記載事項より売上代金の受取金額ではないことが明らかとならなければ，売上代金の受取書として課税されるというものである。

したがって，受取書の記載方法については十分注意する必要がある。
③ 受領委託を受けた者の受取書

売上代金の受領について委託を受けた者が，委託者に代って売上代金を受領する場合に作成する受取書は，売上代金の受取書として課税される。
④ 受領委託をした者の受取書

③の場合の委託者が受託者から回収売上代金を受領する場合に作成する受取書は，売上代金の受取書として課税される。
⑤ 支払委託を受けた者の受取書

売上代金の支払について委託を受けた者が，委託者から支払資金を受領する場合に作成する受取書は，売上代金の受取書として課税される。
⑥ 売上代金の受取書であっても，次のものは売上代金の受取書から除外されて，その他の受取書として課税される。
	a．売上代金を貯金口座振込の方法により支払う場合に，その受託者たる金融機関が作成する振込金の受取書

ｂ．売上代金を信託会社にある支払先の信託勘定へ振込むことを依頼された金融機関が作成する振込金の受取書
　ｃ．売上代金を為替取引により送金する場合に金融機関が作成する送金資金の受取書

　たとえば，農協の出資者である農家が土地の譲渡代金の受取りを農協等に依頼した場合に，その土地代金を農協から受取るに際して農協に発行する委任状および受取書は営業に関しないものとして取扱われ，いずれも非課税となる。

　一方，受任者である農協等がその土地代金を企業者（道路公団等）から受取る際に発行する受取書は，売上代金の受取書として課税されるが，農協等がその土地代金を委任者の貯金口座へ振込の方法により支払う場合に，農協が作成する振込金の受取書（企業者に対して発行するもの）は売上代金以外の受取書として取扱われることになる。

(8) **売上代金に該当しないもの**
① 有価証券（有価証券取引税法第2条に規定する有価証券）の譲受者が作成する受取書
② 借入金の受取書および返済元金の受取書
③ 担保手形，担保有価証券の受取書
④ 保証金，敷金の受取書
⑤ 公社債および預貯金の利子の受取書
⑥ 保護預り有価証券の受取書
⑦ 積金，積立金の受取書
⑧ 出資払込金の受取書，出資証券の受取書
⑨ 弁済有価証券の替り金の受取書
⑩ 書替手形の受取書
⑪ 売上値引，割戻金の受取書
⑫ 売上代金等の過払金の返還に伴う受取書
⑬ 契約解除に伴う返戻金の受取書

⑭　損害賠償金の受取書

⑮　株式配当金その他の利益分配金の受取書

⑯　保険金の受取書

⑰　会費，基金，負担金など対価性のないものの受取書

(9)　入金通知書，当座振込通知書

　金融機関が被振込人に対し交付する入金通知書，当座振込通知書又は当座振込報告書等は，課税文書に該当しない。

　なお，被振込人あてのものであっても，振込人に対して交付するものは，第17号文書（金銭の受取書）に該当することに留意する。

　当座振込みなどがあった場合に，金融機関が被振込人に対して交付する入金通知書等は，被振込人と金融機関との間には金銭の授受がないところから第17号文書には該当しないが，振込人に対して交付するものは，振込人が振込んだ金銭を受領したということを証明する目的のものにほかならないから，第17号文書として取扱われる。

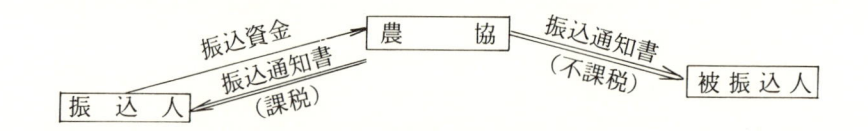

```
                    振込資金      ┌─────┐   振込通知書
                  ←──────── │ 農  協 │ ────────→
┌─────┐       振込通知書   └─────┘    (不課税)      ┌─────┐
│振込人│          (課税)                                │被振込人│
└─────┘                                                 └─────┘
```

(10)　金融機関相互間で作成する手形到着報告書等

　手形取立ての依頼をした仕向け金融機関が被仕向け金融機関にその手形を送付した場合に，被仕向け金融機関が仕向け銀行に交付する手形到着報告書で，手形を受領した旨の記載があるものは，第17号文書（有価証券の受取書）に該当する。

　仕向け金融機関と被仕向け金融機関が同一の金融機関の支店，本店等である場合には，同一法人の内部的な整理文書として印紙税は課税されない。

　不渡手形も手形債権を表彰する有価証券であるから，その受取書は第17号文書に該当する。

(11) 現金販売の場合のお買上票等

　商店が現金で物品を販売した場合に買受人に交付するお買上票等と称する文書で，当該文書の記載文言により金銭の受領事実が明らかにされているものまたは金銭登録機によるものもしくは特に当事者間において受取書としての了解があるものは，第17号文書（金銭の受取書）に該当する。

　文書の表題が受取書とか領収証となっていなくても，また文書中に受領した旨の文言がなくても，文書の記載文言，形態等からみて金銭の受領事実を証明する目的で作成されると認められる文書は，すべて第17号文書に該当する。

(12) 利札の受取書

　公債証券や社債券に付加されている利札は，それ自体独立の証券性を有し付属証券と呼ばれており，利札所持人は，いずれも利札と引換えに利息を請求することができ，本証券と離れて流通されるものであるから利息請求権を表彰する有価証券に該当するので，その受取書は第17号文書（有価証券の受取書）に該当する。

　なお，当該受取書に利札の額面金額が記載されている場合は記載金額に該当する。

> ＜注＞
> 　有価証券の受取書の記載金額
> 　小切手等の有価証券を受取る場合の受取書で，受取に係る金額の記載があるものについては，その金額を，また，第17号の2文書に該当する有価証券の受取書で，受取に係る金額の記載がなくその有価証券の券面金額の記載があるものについてはその金額を，それぞれ記載金額として取扱われる。
> 　なお，売上代金に係る有価証券の受取書について通則4のホ(三)の規定が適用される場合には，その規定に定めるところによるのであるから留意する。

(13) 相殺の事実を証明する領収書

　売掛金等と買掛金等とを相殺する場合において作成する領収書等と表示した文書で，当該文書に相殺による旨を明示しているものについては，第17号

文書（金銭の受取書）に該当しないものとして取扱われる。

　また、金銭または有価証券の受取書に相殺に係る金額を含めて記載してあるものについては、その文書の記載事項により相殺に係るものであることが明らかにされている金額は、記載金額として取扱われない。

　金銭の受取書とは、現実に金銭を受領した際にその受領事実を証明する目的で作成する文書をいうのであるが、売掛金等と買掛金等とを相殺する場合には金銭の授受関係がないから、たとえその際領収書と表示された文書を作成したとしてもそれは金銭の受領書には該当しない。しかし、課税文書に該当するかどうかは文書の記載文言によって判断するのであるから、相殺の事実を証明する目的で作成される領収書には、はっきりと相殺によるものである旨を表示しないと課税されることになる。

　また、一部相殺の場合には、相殺部分の金額であることが文書の記載文言から明らかである限り、その金額は受取書の記載金額としては取扱われない。

(14)　公益法人が作成する受取書

　公益法人が作成する受取書は、収益事業に関して作成するものであっても、営業に関しない受取書に該当する。

　祭祀、宗教、慈善、学術、技芸その他公益を目的として設立された公益法人（民法第34条の規定によるもの）は、その法人の公益目的を遂行するために必要な資金を得る目的で行う行為がたとえ収益事業に関するものであっても、営業に関しないものとして取扱われる。

(15)　人格のない社団の作成する受取書

　公益および会員相互間の親睦等の非営利事業を目的とする人格のない社団が作成する受取書は、営業に関しない受取書に該当するものとされ、その他の人格のない社団が収益事業に関して作成する受取書は、営業に関しない受取書に該当しないものとされる。

　人格のない社団（権利能力なき社団）には、公益を目的とするもの、会員相互間の親睦を目的とするもの、営利を目的とするもの等いろいろの目的のものがあるが、これらの社団が作成する受取書が営業に関するものであるか

どうかは，社団の設立目的にしたがって，すなわち，その社団の規約等に定められた事業目的にしたがって判断する。

(16) **農業従事者等が作成する受取書**

　店舗その他これらに類する設備を有しない農業，林業または漁業に従事する者が，自己の生産物の販売に関して作成する受取書は，営業に関しない受取書に該当する。

　営業とは，営利を目的として同種の行為を反復継続して行うことをいうが，店舗等を有しない農業，林業，漁業者は，商法上商人にはならないこととされているように，一般通念上も営業者の行為とはとらえられていない。

(17) **医師，弁護士等の作成する受取書**

　医師，歯科医師，歯科衛生士，歯科技工士，保健師，助産師，看護師，あん摩・マッサージ・指圧師，はり師，きゅう師，柔道整復師，獣医師および弁護士，弁理士，公認会計士，計理士，司法書士，行政書士，税理士，中小企業診断士，不動産鑑定士，土地家屋調査士，建築士，設計士，海事代理士，技術士，社会保険労務士等がその業務上作成する受取書は，営業に関しない受取書として取扱われる。

(18) **受取金額の記載中に売上代金に係るものと係らないものがある場合**

　売上代金に係る受取書についての税率の適用にあたっては，次により取扱われる。

　① 受取書の記載金額を売上代金に係る金額とその他の金額に区分することができるときは，売上代金に係る金額がその受取書の記載金額となる。

　② 受取書の記載金額を売上代金に係る金額とその他の金額に区分することができないときは，その記載金額（その金額のうちに売上代金に係る金額以外の金額として明らかにされている部分があるときは，その明らかにされている部分の金額を除く）がその受取書の記載金額となる（通則4のハ）。

```
─＜例＞─
  1. 受取金額      300万円
      （内訳）貸付元金   180万円
              貸付利息   120万円
  120万円の売上代金に関する受取書となり400円が課税される。
  2. 受取金額      300万円
      ただし貸付元利金として,
  300万円の売上代金に関する受取書となり600円が課税される。
```

(19)　5万円未満であるかどうかの判定

　通則4のハには，売上代金とその他の金額が記載されている受取書の取扱いについて規定しているが，この通則4のハの規定は税率をどのようにして適用するかについての規定であって，第17号文書の非課税物件欄の1に該当するかどうかを判断する場合にまでおよぶものではないから，この場合には同一の号に該当する金額はその合計の記載金額によるという通則4のイの規定によって，その合計額が5万円未満である場合にだけ非課税文書となる（基通第34条）。

```
─＜例＞─
  為替の振込金    49,600円
  振込手数料        400円
  合計額が5万円になるので課税文書となる。
```

(20)　税金額を記載した受取書の記載金額

　法律によって税金を徴収することを義務づけられている者が徴収する税金については，印紙税の対象から除かれる。

　源泉徴収義務者または特別徴収義務者が作成する受取書または配当金領収書等のうちに，源泉徴収または特別徴収に係る税額が記載されている場合には，全体の記載金額からその税金額を控除した後の金額を記載金額として取扱うこととしている。

> <注>
> 　税金の源泉徴収義務者または特別徴収義務者
> ①源泉徴収に係る所得税の徴収義務者
> ②特別徴収に係る道府県民税，市町村民税の特別徴収義務者
> ③特別地方消費税，ゴルフ場利用税等の特別徴収義務者
> 　なお，国税及び地方税の過誤納金とこれに伴う還付加算金を受領（納税者等の指定する金融機関から支払いを受ける場合を含む）する際に作成する受取書は，課税されない。
> 　また，租税の担保として提供した金銭又は有価証券の返還を受ける際に作成する受取書も，課税されない。

(21) **借用証書に「償還済」の押印をして返戻した場合**

　証書貸付に係る元利金の返済があったとき，借用証書に「領収」，「完済」または「処理済」等の受取文言を表示して返戻する場合は，第17号の1文書（売上代金の受取書）に該当するが，元金と利息額がそれぞれ区分されて表示されている場合には，利息額の部分が階級定額税率の適用を受け，それぞれが区分表示されていなければ全体の金額が売上代金として階級定額税率の適用を受ける。

(22) **済手形の受取書**

　手形貸付により借入人から徴していた手形について，貸付金の返済が完了した場合または手形の書替えの場合にすでに徴していた手形を借入人に返還する時の手形（済手形）の受取書は，第17号文書（有価証券の受取書）に該当する。

　なお，完済後の手形または書換え後の手形の受取書が第17号文書に該当するか否かは，これらの手形が手形法上の手形としての効力を有するものであるかどうかによるので，たとえば，裏面の領収欄に受取りを証する記載をした手形や手形の効力を消滅させる旨の記載のある手形の受取書は第17号文書に該当しないが，このような記載がないものは，完済後または書替え後の手

形であっても手形（有価証券）としての効力を有するものであるから，その受取書は第17号文書に該当する。

(23) **現金自動貯金機（ATM）から打ち出されるご利用明細票**

ATMにより預金の預入れをした場合にATMから打ち出される紙片（ご利用明細票）は，第14号文書（金銭の寄託に関する契約書）又は第18号文書（現金自動貯金機専用通帳）として取扱われているが，キャッシュローンの返済についての紙片は，第17号文書（金銭の受取書）に該当する。

(24) **貸付利息計算書**

金融機関の貸出先から貸出金の内入れを受けて，戻利息（すでに徴している利息のうち，未経過分として返戻すべきもの）を返戻する場合または利息を徴する場合に，当該利息の計算内容を貸出先に通知する「貸付利息計算書」は，内入金の受領を証するために作成するものではないから，第17号文書（金銭又は有価証券の受取書）には該当しない。

(25) **代位弁済通知書**

貸金債権について，保証人から代位弁済を受けたときには，その保証人に対し貸付返済金の受取書を交付するとともに，改めて債務者に代位弁済を受けたことを通知するため代位弁済通知書を交付するが，この通知書は課税文書には該当しない。

(26) **振替済通知書**

口座振替により公共料金等の引落しをした金融機関が需要者あてに発行する領収証や振替済通知書は振替えた旨を通知するものであるから課税文書には該当しないが，金融機関で発行するものであっても，受取人の名義で作成するもので，受取人が営業者であるときは，第17号文書（金銭の受取書）となる。

(27) **口座振替による引落通知書**

金融機関が取引先から受取るべき手数料または利息等について，これを口座振替により当該取引先の口座から引落した場合に，その事実を当該取引先に通知するための文書は，単なる通知書であって金銭の受取りを証明するも

のではないから，第17号文書（金銭の受取書）には該当しない。

(28) **積金通帳，積金証書に追記した受取書**

積金通帳，積金証書に満期となった積金の受領を記載した場合は，第18号から第20号までの文書（通帳・判取帳）の追記が法第4条第3項（課税文書の作成とみなす場合等）に規定するみなし作成とならないこと，および第8号の預貯金証書へ追記した受取書が非課税とされている（法別表第1課税物件表第17号の非課税物件欄の3）ことから，課税文書としては取扱わないこととされている。

(29) **取次票，代金取立手形の受取書**

金融機関が得意先から送金または代金の取立て等の依頼を受け，金銭または有価証券を受領した場合に作成する取次票，預り証等は，第17号文書（金銭または有価証券の受取書）に該当する。

したがって，代金取立手形の受取書は，第17号の2（売上代金以外の有価証券の受取書）に該当する。

また，不渡り等により返戻された手形を受取った場合に作成される返戻手形受取証も第17号の2文書（売上代金以外の有価証券の受取書）として取扱われる。

(30) **担保品預り証**

有価証券を担保として受入れた場合に作成する担保品預り証は，第17号文書（金銭または有価証券の受取書）に該当する。

有価証券を担保として預かることは，その有価証券に質権を設定することであるから，担保品預り証は，質権の設定に関する契約書にも該当するが，質権の設定に関する契約書は不課税文書であるところから，第17号の2文書（売上代金以外の有価証券の受取書）として取扱われる。

なお，担保品預り証に，後日，その有価証券の返戻を受けた際に受取事実を追記すれば，新たな課税文書の作成となる。

追記した事項が金銭または有価証券の受領事実である場合には，そのうち，第8号文書，第12号文書，第14号文書または第16号文書に追記したもの

は，非課税となるが，それ以外の文書に追記したものは，改めて第17号文書を作成したものとみなされ課税されることになる。

(31) 被仕向電信送金受取書

　金融機関（受託者）が送金依頼人に交付する受取書は，令第28条第2項（売上代金に該当しない対価の範囲等）に規定する「金融機関が作成する為替取引における送金資金の受取書」に該当し，売上代金の受取書から除外されるが，被仕向電信送金を金融機関（受託者）から受取る場合に被仕向人が作成する受取書は，被仕向人が売上代金として受取るものであれば第17号の1文書（売上代金に係る金銭の受取書）に該当する。

　なお，売上代金以外の金銭を受取る場合には，その記載を確実に行う必要がある。

(32) 市町村に交付する振込金受取書

　印紙税では，「公金の取扱いに関する文書」は非課税とされているが，ここでいう非課税文書は，地方自治法の規定に基づく指定金融機関，指定代理金融機関，収納代理金融機関が公金の出納に関して作成する文書をいうものとされている。また，公金の取扱いを行なうことについての地方公共団体と金融機関等との間の契約書は，公金の取扱いに関する文書として取り扱われる。

　したがって，農協が納税者から，税金の納付を目的として金銭を受け取ったときに，その受領の事実を証明する目的で発行する受取書とか，市町村から公金の支払い，または，保管を目的として交付を受けた，金銭の受取事実を証明する目的で発行された文書は，非課税文書となる。

　なお，地方公共団体が公金の振込みを行う場合に，指定金融機関が地方公共団体に交付する振込金受取書も指定金融機関として作成するものであれば非課税文書となる。

　公金にかかる指定金融機関契約では，当事者が市と農協，または市と信連となっているが，農協が広域合併により農協名，または取扱店舗名が変更された場合には1指定金融機関から外れることになり指定農協または指定店舗以外での受取書等は印紙税の課税対象となる。

したがって，農協合併等があった場合には，契約書内容の見直し（議会承認が必要）をすることに留意する。

(33) **入金記帳案内書**

　金融機関等の従業員が得意先から金銭を受領した際に受取書を交付し，または判取帳や通帳にその受取事実を証明し，その後において金融機関等から受取金引合通知または入金記帳案内書等を発行した場合には，その通知書または案内書等がその金銭の受取事実を証明するものは，第17号文書（金銭の受取書）に該当する。

11 預貯金通帳等(第18号文書)

1. 物件名
　預貯金通帳，信託行為に関する通帳，銀行もしくは無尽会社の作成する掛金通帳，生命保険会社の作成する保険料通帳または生命共済の掛金通帳

2. 定　義
(1)　「預貯金通帳」とは，法令の規定による預金または貯金業務を行う銀行その他の金融機関等が，預金者または貯金者との間における継続的な預貯金の受払い等を連続的に付け込んで証明する目的で作成する通帳をいう。
(2)　生命共済の掛金通帳とは，農業協同組合その他の法人が生命共済に係る契約に関し作成する掛金通帳で，政令で定めるものをいう。

3. 課税標準および税率
　1冊につき　200円

4. 非課税物件
(1)　信用金庫その他政令で定める金融機関の作成する預貯金通帳
(2)　所得税法第9条第1項第2号（非課税所得）に規定する預貯金に係る預貯金通帳その他政令で定める普通貯金通帳
(3)　納税準備預金通帳（措法92条）

　<注>
　1．預貯金証書等が非課税となる金融機関の範囲
　　法別表第1第8号および第18号の非課税物件の欄に規定する法令で定める金融機関は，次に掲げる金融機関とする（令第27条）。
　　(1)　信用金庫連合会
　　(2)　労働金庫および労働金庫連合会
　　(3)　農林中央金庫
　　(4)　商工組合中央金庫

(5)　信用協同組合および信用協同組合連合会
　(6)　農業協同組合および農業協同組合連合会
　(7)　漁業協同組合，漁業協同組合連合会，水産加工業協同組合および水産加工業協同組合連合会
2．所得税法第9条第1項第2号に規定する預貯金に係る預貯金通帳の範囲
　(1)　「所得税法第9条第1項第2号（非課税所得）に規定する預貯金に係る預貯金通帳」とは，いわゆるこども銀行の代表者名義で預入れる預貯金に係る預貯金通帳をいう。
　(2)　非課税となる普通預金通帳の範囲
　　法別表第1第18号の非課税物件の欄2に規定する政令で定める普通預金通帳は，所得税法（昭和40年法律第33号）第10条（障害者等の少額預金の利子所得等の非課税）の規定によりその利子につき所得税が課されないこととなる普通預金に係る通帳（第11条第6号に掲げる通帳を除く）とする（令第30条）。

〔参　考〕　非課税となる普通預金通帳の範囲

　令第30条（非課税となる普通預金通帳の範囲）に規定する「所得税法（昭和40年法律第33号）第10条（障害者等の少額預金の利子所得等の非課税）の規定によりその利子につき所得税が課されないこととなる普通預金に係る通帳」とは，預金者が同条に規定する非課税貯蓄申込書を提出し，かつ，預け入れの際，同条に規定する非課税貯蓄申込書を提出して預け入れた普通預金に係る普通預金通帳（勤務先預金通帳のうち預金の払戻しが自由にできるものを含む）で，当該預金の元本が同条第1項に規定する最高限度額を超えないものをいう。

　なお，当該預金通帳に係る普通預金の元本が同項に規定する最高限度額を超える付け込みをした場合は，当該付け込みをした時に課税となる普通預金通帳を作成したものとして取扱われるが，当該普通預金通帳については，そのとき以降1年間は当該元本が再び同項に規定する最高限度額を超えることとなっても，これを新たに作成したものとはみなさないこととして取扱われる。

5. 留意事項

(1) 生命共済の掛金通帳

　共済の掛金通帳は，金銭の受取通帳として第19号文書に該当することになるが，生命保険会社の作成する保険料通帳が第18号文書に掲名されていることとの比較から，生命共済の掛金通帳に限って第18号文書として取扱うこととされている。

　生命共済の掛金通帳とは，人の死亡または生存（死亡した場合または何歳まで生存していた場合に共済金を支払うとするもの）を共済事故とするもの，およびこれらに併せて人の廃疾もしくは傷害等を共済事故とするものの掛金通帳をいう（令第29条）。

　したがって，生命共済に併せて建物，動産（動植物を含む）の損害共済を含んでいる共済の掛金通帳は，第18号文書ではなく第19号文書として取扱われる。

　また，生命共済の掛金と損害共済との掛金を1通の通帳に付け込むこととすれば，この通帳は第19号文書となる。

(2) 当座勘定入金帳

　当座貯金への入金の事実のみを付け込んで証明するいわゆる当座勘定入金帳（付け込み時に当座貯金勘定への入金となる旨が明らかにされている集金用の当座勘定入金帳を含む）は，第18号文書（預貯金通帳）として取扱われる。

　当座勘定入金帳は，当座貯金における唯一の通帳であること等に顧み，第18号文書として取扱うこととされている。

(3) 現金自動貯金機（ATM）専用通帳

　現金自動貯金機を設置する金融機関が，当該現金自動貯金機の利用登録をした顧客にあらかじめ専用のとじ込み用表紙を交付しておき，利用の都度現金自動貯金機から打ち出される預入年月日，預入額，預入後の貯金残額，口座番号及びページ数その他の事項を記載した紙片を順次専用のとじ込み用表紙に編てつすることとしているものは，その全体が第18号文書（預貯金通帳）として取扱われる。

農協の貯金者が他の農協のＡＴＭを共同利用して金銭等を預入れた場合に打ち出される「ご利用明細票」であっても，上述の要件を満たしているものについては，これをとじ込み用表紙に編てつしていれば，通帳として取扱われる。

(4) 普通貯金明細表

農協が，特定の貯金者（普通貯金規定（リーフ取引）による貯金契約を締結した取引先）との間の貯金取引に際し，その貯金規定に基づいてあらかじめ専用のとじ込み用表紙を交付しておき貯金者からの貯金の受入れまたは払出しの取引の明細については，その年月日，受入金額，支払金額および残額を記載した「普通貯金明細表」を交付し，その専用とじ込み用表紙に編てつすることとしている場合は，その全体を第18号文書（預貯金通帳）として取扱って差支えないこととされている。

(5) 普通貯金通帳と定期貯金通帳を併合した総合口座通帳の取扱い

総合口座通帳は，普通貯金通帳と定期貯金通帳の２冊分の効用を有するが，印紙税法上の一つの文書とは形態からみて１個の文書のことをいうので，切離し等が予定されていない総合口座通帳は，全体が１冊の預貯金通帳として印紙税が課税されることになる。

なお，税務署長の承認を受けて印紙税を申告納付することとした場合の申告数量は，普通貯金口座と定期貯金口座とを統括して管理しているときは１口座として，その他のときは２口座として計算される。

(6) 定期積金，定期貯金兼用通帳

「定期積金，定期貯金兼用通帳」は，積金および貯金契約を締結している顧客に交付するもので，まず月掛の定期積金を１年間行い，その積金の給付金を１年の定期貯金にするとともに改めて積金を積み立て，翌年には積金の給付金，定期貯金および定期貯金の利息の合計額を別の定期貯金にする方式で順次貯金を増額させるものであるが，この定期貯金部分は，第18号文書（預貯金通帳）に該当する。

なお，定期積金の部分は課税文書として取扱われないので，この通帳の作

成時期は定期貯金部分に最初に記載されるときとなる。

(7) **自動継続定期貯金証書とご継続の明細**

　自動継続の都度（年1回）付け込みを行っているため，全体を貯金通帳として取扱っている「自動継続定期貯金証書とご継続の明細」と称する文書については，その文書を貯金者が所持しているため，毎年の付け込みを行わないで貯金者からの呈示があった時など一括して付け込むこととしても，印紙税の取扱いが変更されることとはならないので通帳等を作成した日から1年経過時点で収入印紙の貼付が必要となる。

> ＜注＞
> 　自動継続扱定期貯金証書の取扱いについては第8号文書（預貯金証書）を参照のこと。

(8) **経済農業協同組合連合会が作成する勤務先貯金通帳**

　経済農業協同組合連合会は，その業務として貯金または定期積金の受入れを行っていなくても，令第27条第6号の規定により当該農業協同組合連合会が作成する勤務先貯金通帳は非課税となる。

12 金銭又は有価証券の受取通帳等(第19号文書)

1. 物件名
　第1号(不動産等の譲渡契約,消費貸借契約,運送契約等),第2号(請負契約),第14号(寄託契約),または第17号(受取書)に掲げる文書により証されるべき事項を付け込んで証明する目的をもって作成する通帳(前号に掲げる通帳を除く)

2. 受取通帳等の意義
(1) 第19号文書の意義及び範囲
　第19号文書とは,課税物件表の第1号,第2号,第14号,又は第17号の課税事項のうち1または2以上を付け込み証明する目的で作成する通帳で,第18号文書(預貯金通帳)に該当しないものをいい,これら以外の事項を付け込み証明する目的で作成する通帳は,第18号文書に該当するものを除き,課税文書に該当しない。

(2) 金銭又は有価証券の受取通帳
　第19号文書には非課税規定がないので金銭または有価証券の受領事実を付け込んで証明する目的で作成する受取通帳は,その受領事実が営業に関しないものまたはその付け込み金額のすべてが5万円未満であっても,すべて課税文書に該当する。

3. 課税標準および税率
　　1冊につき　400円

4. 非課税物件
　　なし

5. 課税文書の具体例
　　・入金取次帳
　　・家賃通帳
　　・地代通帳
　　・普通貯金入金帳
　　・請負通帳
　　・有価証券預り通帳

6. 留意事項
(1) 入金取次帳
　金融機関の外務員が得意先から預金として金銭を受入れる場合に，その受入事実だけを連続的に付け込み証明する目的で作成する入金取次帳等は，第19号文書に該当する。
　預金の受入の事実のみで，払戻しの事実が付け込まれない通帳は，預貯金通帳には該当しないからである。
　また，預貯金通帳であるためには，預金契約の成立の事実を付け込むものでなければならない。
(2) 普通貯金入金帳
　普通貯金入金帳は，継続的な預貯金の受払等を連続的に付け込み証明する目的で作成されるものではなく，受入事実のみを付け込み証明するものであり，また，別途普通貯金通帳が作成されていることから，入金取次帳と同様の目的で作成されるものと認められるので第19号文書に該当する。
　なお，当座勘定入金帳については，当座貯金の払出しが小切手の支払いにより行われ，かつ貯金の受払いを連続的に付け込み証明する当座貯金通帳が作成されないという特殊性を考慮して，受入事実のみを付け込むものであっても第18号文書に該当するものとして取扱われている。
(3) 積金通帳
　積金通帳（積金に入金するための掛金を日割で集金し，一定期日に積金に

振替えることとしている場合の日掛通帳を含む）は課税文書に該当しない。

(4) 授業料納入袋

　私立学校法（昭和24年法律第270号）第2条（定義）に規定する私立学校または各種学校もしくは学習塾等がその学生，生徒，児童または幼児から授業科等を徴するために作成する授業料納入袋，月謝袋等または学生証，身分証明書等で，授業料等を納入の都度その事実を裏面等に連続して付け込み証明するものは，課税されない。

(5) 貸付金の支払通帳

　貸付金及びその利息の返済金の受取を連続的に付け込み証明するための通帳は，第17号に掲げる文書により証されるべき事項を付け込んで証明する目的をもって作成する通帳となるから，第19号文書に該当する。

　この場合の通帳の作成者は，通帳に付け込む者，つまり金銭の受取者となる。

　<注>
　　1年を超える付け込みとなる場合には，みなし作成の規定の適用がある。

(6) 担保差入通帳

　継続する貸金の担保のため，定期貯金証書とか有価証券の質入事実を付け込む通帳は第19号文書に該当する。

　質権の設定の成立等を証する事項は課税事項には当たらないから，その事項を連続的に付け込むための通帳を作成しても一般的には課税文書には該当しないが，質物が有価証券の場合は，有価証券の受取の事実を証するものであるから，この場合は第17号の課税事項に該当する。したがって，有価証券の担保差入通帳については，第19号文書に該当することになる。

　<注>
　　定期預金証書等有価証券に該当しないものを質物としている場合には，課税文書に該当しないことになる。

(7) 家賃の領収通帳

　家賃等の賃貸料の受取事実を連続的に付け込む通帳は，第19号文書に該当することになる。

　なお，通帳は通常金銭の支払者が所持するものであるが，中にはその散逸を防止する等のため家主等が便宜保存するものがある。

　このように家主等が保存しているものでも，賃借人が所持することを建前として作成されているものは第19号文書となる。

(8) 代金取立手形通帳

　代金取立手形通帳は，委任契約の成立の事実を付け込んで証明するためのものであるとともに，手形の受領事実をも付け込んで証明するためのものであるから，第17号に掲げる文書により証されるべき事項を付け込んで証明する目的をもって作成するものとして，第19号文書（有価証券の受取通帳）に該当する。

(9) レジ袋受領表

　得意先である商店が毎日の売上金をレジ袋と称する袋に収納して鍵をかけ，中身が確認できない袋を農協の宿直担当者に預けた際に，その担当者から受領印の押印を受けるための「レジ袋受領表」は，金銭受領事実を証するものではなく，レジ袋そのものの受領事実を証するものであるから，第19号文書（金銭の受取通帳）には該当せず他の課税文書にも該当しない。

(10) カードローン返済用入金通帳

　カードローン契約書に基づき借り入れた借入金の返済の事実を付け込むために用いられる「カードローン（当座貸越）返済用入金通帳」は，当座貸越口座により管理されているが，借入金の返済の事実を付け込むものであって，貯金の受払い等の事実を付け込むものではないから，第19号文書（金銭の受取通帳）に該当する。

(11) 月払共済掛金領収帳

　養老生命共済及び建物更正共済等の共済掛金の領収通帳である「月払共済掛金領収帳」は，養老生命共済に関する付け込み（第18号の課税事項）と建

物更正共済に関する付け込み（第19号の課税事項）の双方を行うための通帳であるから，第19号文書（その他通帳）に該当する。

なお，第18号の課税事項のみが付け込まれるものは，第18号文書に該当することとなるが，第18号文書に該当するものに，年（当初の付け込みから1か年間）の中途で第19号の課税事項を併せて付け込むこととした場合には，当初から第19号文書が作成されたものとして取扱い，第19号の課税事項を併せて付け込んだときに印紙税を追加納付（200円）することとされている。

(12) **クレジット代金等の支払通帳**

クレジット会社等から顧客に対する債権に係る弁済金の受領業務を委託されている金融機関が，その弁済金の受領事実を連続的に付け込み証明するために作成する通帳は，第19号文書として取扱われる。

13 判取帳(第20号文書)

1. 判取帳の意義

　判取帳とは，第1号，第2号，第14号，又は第17号に掲げる文書により証されるべき事項につき2以上の相手方から付込証明を受ける目的をもって作成する帳簿をいう。

　したがって，これら以外の事項につき2以上の相手方から付け込み証明を受ける目的をもって作成する帳簿は，課税文書に該当しない。

2. 課税標準および税率
　　1冊につき　　4,000円

3. 非課税物件
　　なし

4. 留意事項
(1) 金銭又は有価証券の判取帳

　金銭または有価証券の受領事実を付け込み証明する目的で作成する判取帳は，当該受領事実が営業に関しないものまたは当該付け込み金額のすべてが5万円未満であっても，課税文書に該当するのであるから留意する。

(2) 諸給与一覧表等

　事業主が従業員に対し諸給与の支払いをした場合に，従業員の支給額を連記して，これに領収印を徴する諸給与一覧表等は，課税しないことに取扱われている。

事例編①

貯金関係文書の取扱い

1 貯金ネット取引に関する契約書

普通貯金相互受払契約書

平成　年　月　日

信用農業協同組合連合会　御中

　　　　　　　　　　　住　　所
　　　　　　　　　　　組 合 名
　　　　　　　　　　　組合長名　　　　　　　　　㊞

　当組合は，他の農業協同組合（以下（組合）という。）との普通貯金のネット取引を行なうにあたっては，下記条項を約定します。

第1条　当組合は，他の組合の普通貯金（（総合口座）含む。）の受入，すなわち代受けを振込み，支払すなわち代払いを取立てとする取引（以下「ネット取引」という。）を為替取引として行ないます。

第2条　1. この契約は，当組合が別に差入れている平成　年　月　日付為替契約書に準拠するものとし，為替契約書の第6条乃至第10条の規定が準用されるものとします。
　　　　2. 前条のネット取引，すなわち普通貯金の相互受払については，県内為替取扱準則および県内普通貯金相互受払取扱準則（以下「ネット準則等」という。）によるものといたします。

第3条　1. 当組合は，貴会と普通貯金相互受払契約のある他の組合との間で，ネット準則等に従ってネット取引を行ないます。
　　　　2. 前項の取引を行なうにあたって生ずる資金決済については，ネット準則等および貴会の指示に従います。

第4条　当組合は，ネット準則等において，将来変更または制定される条項については，異議なく承諾しこれに従います。

第5条　当組合は，ネット準則等を遵守し，かつ善良なる管理者の注意をもってネット取引を行なうとともに，その決済について円滑な運行が行なわれるよう，協力いたします。

第6条　将来，貴会と他の都道府県信用農業協同組合連合会等との間で，普通貯金相互受払契約が締結されることを条件として，当組合と他の都道府県の農業

> 協同組合との間においても，普通貯金相互受払契約が成立するものといたします。
>
> 以　上

＜使用方法＞

　県内の農協間で普通貯金のネット取引（他の組合の普通貯金の受入れ，支払いの取引）を行うにあたって，その資金決済を県信連で為替取引の資金決済方法に準じて行うことの契約を締結することとしている。

＜課否判断＞

　　第7号文書　　4,000円

＜理　　由＞

　この契約書は，農協間における貯金のネット取引に関しての資金決済方法を農協と信連間で約定したものであるから，「金融機関の業務を委託するために作成される契約書で，委託される業務または事務の範囲を定めるもの」に該当し，第7号文書として取扱われる。

2 貯金証書(通帳)の預り証

<使用方法>

　農協等の渉外担当者が取引先から定期貯金証書または貯金通帳を預った際に，その受領事実を証するために交付するものであるが，交付の際に継続後の定期貯金の内容を記入している。

<課否判断>

　第14号文書　　200円

<理　　由>

　通帳または定期貯金証書を記帳，照合または出金のために預った際に発行する預り証は，通帳または証書の預り事実を証明するために作成されるものであるから課税文書に該当しない。

　しかし，継続又は振替のために預かる場合は，継続後（又は振替後）の定期貯金についての種類，種別，期間など具体的内容が記入されているので，定期貯金契約の更改の事実を証するものとなり，第14号文書に該当する。

事例編① * 貯金関係文書の取扱い

3 貯金口座振替依頼書

| 保障付定期積金 | 貯 金 口 座 振 替 依 頼 書 | 年　月　日 |

私は上記の定期積金及び共済の掛金等を口座振替により支払うこととしたいので，下記事項を確約のうえ依頼します。

農業協同組合　御中

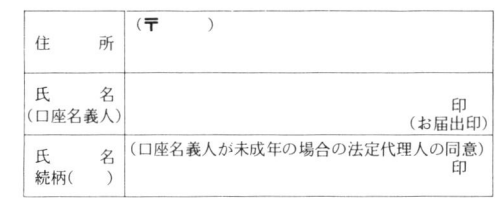

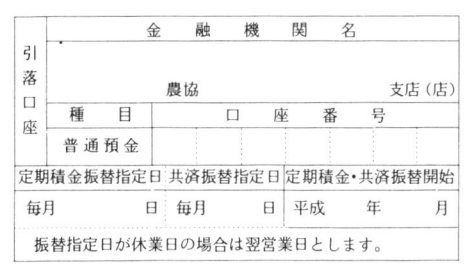

住　所	（〒　　）
氏　名（口座名義人）	印（お届出印）
氏　名続柄（　）	（口座名義人が未成年の場合の法定代理人の同意）印

引落口座

金　融　機　関　名		
農協		支店（店）
種　目	口　座　番　号	
普通預金		

定期積金振替指定日	共済振替指定日	定期積金・共済振替開始
毎月　　　日	毎月　　　日	平成　　年　　月

振替指定日が休業日の場合は翌営業日とします。

1. 定期積金及び共済の掛金は，私に通知することなく左記の貯金口座から引落しのうえ支払って下さい。
この場合貯金規定にかかわらず貯金通帳，同払戻請求書の提出はいたしません。
2. この契約を解約するときには，私から貴組合に書面により届出ます。
3. この貯金口座振替について，仮に紛議が生じても，貴組合の責によるものを除き，貴組合にはご迷惑をかけません。

＜使用方法＞

　貯金者が，電信電話料金，定期積金および共済掛金の支払いを貯金口座振替えの方法により支払うこととして，農協にその口座振替の内容を記載して依頼する文書である。

＜課否判断＞

　不課税

＜理　　由＞

　この文書は，貯金契約を締結している農協に対して電信電話料金，電力料金，租税，共済掛金等を貯金口座振替の方法により支払うことを依頼するための文書であるから，委任契約にあたるとともに，貯金規定にかかわらず貯金通帳および払戻請求書の提出をすることなく支払うことを内容としているので，貯金契約の変更にあたり，第14号文書（寄託に関する契約書）とみら

れないこともないが，この文書は貯金の払戻し方法の変更を直接証明する目的で作成するものではないから，第14号文書に該当しないものとして取扱われる。

　なお，貯金口座振替えであっても，依頼書の形式をとらず，覚書，承諾書，契約書などの形式により口座振替えによる処理を約定している文書は，第14号文書（寄託に関する契約書）に該当することになるので留意する。

4 マイカーローン口座振替依頼書

```
                マイカーローン口座振替依頼書

                                    平成　　年　　月　　日

    農業協同組合　御中

                住　所 _____
                氏　名 _____ ㊞

  自動車購入代金の支払について，下記のとおり口座振替を依頼します。
  なお，貯金の払戻し手続については，貯金口座規定または当座勘定規定にかか
わらず貯金通帳，同払戻請求書の提出または小切手の振出はいたしません。
  また，この口座振替について，かりに紛議が生じても貴組合にはご迷惑をおか
けしません。

            振替金額 _____ 円
```

引落口座	金融機関名	農協							支所(店)
	指定口座	種目	フツウ トウザ ソノタ	口座番号				
	振込指定日	融資実行日又は翌営業日						

振込先	金融機関名	農協・銀行・信組 信連・相銀・漁協 中金・信金・漁連							支店(店)
	指定口座	種目	フツウ トウザ ソノタ	口座番号				
	お受取人	(フリガナ) (お名前)						

＜使用方法＞

　農協等が，組合員に対し自動車ローンを貸付けるに際し，その貸付金の返

済を毎月一定日に借入者の貯金口座から口座振替えの方法により返済することを農協に依頼する場合に使用される。

＜課否判断＞
不課税

＜理　　由＞
　預貯金契約を締結している金融機関に対し，その金融機関に対する借入金，利息金額，手数料その他の債務，または積立式の定期預貯金もしくは積金を預貯金口座から引き落して支払い，または振替えることを依頼する場合に作成する預貯金口座振替依頼書は，預金の払戻し方法の変更に関する契約書とみられなくもないが，依頼書形式のものに限り，第14号文書（金銭の寄託に関する契約書）に該当しないものとして取扱われる。

　なお，金融機関に対する債務を預金口座から引き落して支払うことを内容とする文書であっても，原契約である消費貸借契約等の契約金額，利息金額，手数料等の支払方法または支払期日を定めることを証明目的とするものは，第1号の3文書（消費貸借に関する契約書）に該当することになるので留意する。

5 債務保証料振替決済契約書

債務保証料振替決済契約書

　　　　農業協同組合（以下「甲」という。）と　　　県農協信用保証株式会社（以下「乙」という。）ならびに　　　県信用農業協同組合連合会（以下「丙」という。）は，甲乙間で別に締結した「事務委託に関する契約書」に基づいて，甲が被保証者から受け入れた債務保証料（以下「保証料」という。）の口座振替に関し，次の契約を締結する。

第1条　甲の乙に対する保証料の支払いは，甲が丙に開設している特別当座勘定口座（以下「口座等」という。）からの自動振替による。

第2条　乙は，毎月10日（その日が休日にあたるときは翌営業日）までに，当月分の保証料に係る債務保証料振替決済依頼書（以下「振替依頼書」という。）を丙へ，債務保証料請求書を甲へ送付する。

第3条　丙は，毎月17日（その日が休日にあたるときは翌営業日）に，甲に通知しないで振替依頼書に記載された金額を，第1条の口座から特別当座勘定書の規定にかかわらず小切手なしで引落しのうえ，乙が丙に開設している普通貯金口座へ振替える。

　② 甲は，前項により丙において一旦引落し処理されたものについては，丙に対して何ら異議を申し立てない。

　③ 丙は，第1条の口座が残高不足等の理由で第1項の振替が不能となった場合は，その旨を当該振替依頼書に記入して乙に返却する。

第6条　この契約は，3通作成し，甲乙丙において各1通保有するものとする。

　　　平成　　年　　月　　日

　　　　　　　　　甲　　　　　　　　　㊞

　　　　　　　　　乙　　　　　　　　　㊞

　　　　　　　　　丙　　　　　　　　　㊞

＜使用方法＞
　農協が，県信用保証株式会社へ支払う保証料については，農協が県信連に開設している特別当座勘定から自動振替えの方法により処理することを，農協，県信用保証株式会社および県信連の三者で契約したものである。
＜課否判断＞
　　第14号文書　　　200円
＜理　　由＞
　この文書は，農協が保証会社へ支払うべき保証料を県信連に開設した農協の特別当座勘定から自動振替えの方法により支払う旨を定めた委任契約であるとともに，消費寄託契約の変更契約でもある。貯金口座振替依頼書形式のものは，主たる契約が委任契約とされるところから非課税とされるが，この文書は契約書形式をとっているので寄託契約の変更契約と解され，第14号文書に該当する。

事例編① * 貯金関係文書の取扱い

6 口座振替開始通知書

口座振替開始等通知書

平成　年　月　日

農業協同組合　御中

　　　　　　　　　　　　　　　信用農業協同組合連合会　㊞

　各種料金等の口座振替による収納事務委託契約に関し，＿＿＿＿＿＿＿＿の収納委託契約を，当会と＿＿＿＿＿＿＿＿との間に平成　年　月　日付をもって締結しましたので，取扱条件等を次のとおり通知します。

記

項　　目	内　　容	方　　法
口座振替種目名		
対象収納機関名		
実　施　時　期		
振　　替　　日		
資　金　決　済　日		
取　扱　手　数　料		
備　　　　　考		

<使用方法>

　県信連が，新規に電力会社，ガス会社等との間で電力料金，ガス料金などの収納事務取扱いを開始し，その収納事務に関する事務委託契約を締結した場合に，その取扱条件等を農協等に通知するものである。

　農協と県信連との間では，別に口座振替事務についての基本的な事務委託

契約を締結しており，農協はこの通知を受けて，当該収納事務の取扱いを希望しないときは，その旨信連に申出ることにしている。

＜課否判断＞

不課税

＜理　　由＞

　この通知書は，既に信連と農協間で締結している各種料金の収納事務に関する委託契約に基づく取扱い範囲およびその取扱条件を追加するため，新たに県信連と委託会社との間で収納委託契約を締結したものについて，その取扱条件を通知するための文書であり，単なる通知書であるので，課税文書に該当しない。

7 貯金袋受取証

受 取 証

_____様

| 受取金額 | ￥ |

上記の金額たしかに受取りました。

平成　年　月　日

取扱者印

_____農業協同組合

貯金証書を発行し，または通帳に記入しましたうえは，この受取証は無効です。

_____様

種　　類	お名まえ	金　　額
		百 拾 万 千 百 拾 円
当　座　貯　金		
普　通　貯　金		
定　期　積　金		
定期貯金 期間		
期間		
期間		
合　　　　　計		

_____農業協同組合

＜使用方法＞

　農協等が1日皆貯金運動において，貯金者から貯金の種類，貯金者名および金額を記入した現金袋を受取ったときに，その現金袋の受取証として発行するものである。

＜課否判断＞

　　第17号の2文書　　　200円
　　出資者に対し交付するものは非課税

＜理　　由＞

　この受取書は，貯金袋の受取り事実を証するために作成するものであるが，「お預け入れ額」として，現金袋に封入してある金額が具体的に記載されているので，金銭受領の証拠証書となり金銭の受取書に該当し，第17号の2文書となる。

　なお，このような文書で「受取金額」の文言および「金額」欄がなく，単なる貯金袋の受取書であれば物品の受取書になり，課税文書に該当しない。

事例編① * 貯金関係文書の取扱い

8 貯金受払報告書

```
受 払 報 告 書 (       )              ページ
                        様          前 回 残 高
口座番号
取引日 | 起算日 | 摘 要 | お支払金額 | お預り金額

                                    今 回 残 高
毎度お引立ていただきましてありがとうございます。今回のお取引きは上記の
とおりでございますのでご通知いたします。
```

＜使用方法＞

　通帳を発行しない，受払報告式の貯金をしている取引先に対し，毎月15日，月末の2回にわたり，その期間中の取引の内容を打出して通知している。

　なお，取引先には専用のとじ込み用表紙をあらかじめ交付してあり，順次これに編てつするようにしている。

　＜注＞
　　受払報告書の（　）欄には貯金種類を打出している。

＜課否判断＞

　第18号文書　　200円

　農協等の場合は非課税

＜理　　由＞

　この受払報告書には，個々の金銭の預りの事実が記載されているので，受払報告書の紙片そのものは寄託に関する契約の文書（第14号）として取扱わ

129

れる。

　しかし，現金自動預金機から打ち出される紙片と同じく，専用のとじ込み用表紙をあらかじめ交付しておき，これに順次編てつすることとしている場合は，全体が預貯金通帳（第18号）として取扱われ，農協等の場合は非課税となる。

9 貯金受入通知書

```
                    定期性貯金受入通知書
                                              年  月  日
   定期   通知


   農協名
           農業協同組合 様


   01 証書・通帳区分   03 種目                    08 期 間
      不 発 行…0  (定 期 貯 金) (通  知  貯  金)  1年…………12
                 スーパー定期金…42  通 知 貯 金…01   [通知貯金は]
                 特別通知貯金(特別口)…11          [入力不要 ]
                                          [特別通知貯金は]
                                          [満期日入力  ]
```

取引先番号	ページ	種目	証・通区分	税区分	期間	満期日	取扱方法	
起算日								
預入日	利率(%)			限度額(百万円)				
中間利払日	中間利払率(%)					金額		
案内不要	相手口座番号		口座名義人					

<使用方法>

　信連が通知貯金、定期貯金を受入れた場合は、貯金証書または通帳を発行せず、受入処理が終了後にその取引内容を打出して農協に通知している。

　なお、農協には専用のとじ込み用表紙をあらかじめ交付してあり、順次これに編てつすることとしている。

＜課否判断＞
　　第14号文書
＜理　　由＞
　この通知書は，定期性貯金を受入れたつど，その取引内容を農協に通知する文書であるが，個々の金銭の預り事実が記載されているので，通知書であっても寄託に関する契約書となり，第14号文書に該当する。
　なお，この通知書を専用のとじ込み用表紙に順次綴り込むこととしても，貯金通帳としての要件を備えたものではない（貯金の受入事実のみの記帳である）から，貯金通帳としては取扱われず，個々の通知書が課税となる。

|10| 貯金予約申込書

```
              期日指定貯金予約申込書

   農業協同組合 御中
                              ご予約日   年  月  日
  ┌─────────┬──────────────────────┐
  │ お 名 前  │              ㊞   お勤め先           │
  ├─────────┼──────────────────────┤
  │ ご 住 所  │                   電話番号 ☎        │
  └─────────┴──────────────────────┘
            下記のとおり予約します。
            期日指定定期の元金  契約予定日    月    日
                           お預け予定額        円
         お利息_____円は次の貯金に予約します。
    ○期日指定定期貯金  ○定期貯金（預入期間 2年，1年）  ○その他
```

＜使用方法＞

　県内一斉の特別貯蓄運動を実施する際に，貯金を予約した者からこの予約申込書に貯金額，預入予定日などを記入してもらい，職員がこれを集めておき，後日，契約予定日に集金に行くこととしている。

＜課否判断＞

　第14号文書　　200円

＜理　　由＞

　この申込書には，「貯金として金〇円を預入れることを予約する」旨が記入されているので，単なる申込書ではなく，「金銭または有価証券の寄託に関する契約書」になり，第14号文書に該当する。

　この第14号文書には，非課税に関する規定がないので，申込者が出資者であると否とにかかわらず課税対象になる。

　「予約」は，広義の契約に含まれるため，予約の成立を証する目的で作成される文書は契約書に該当するが，単なる申込文書たとえば「貯金申込書」であれば，課税文書には該当しない。

11 貯金予約カード

```
           期日指定貯金ご予約カード
              〔お客様控〕
                        ご予約日  年   月   日
  ┌─────┬─────────────┬─────┬────────┐
  │お名前│             様   │お勤め先│        │
  ├─────┼─────────────┼─────┼────────┤
  │ご住所│                  │電話番号│ ☎     │
  └─────┴─────────────┴─────┴────────┘
       下記のとおりご予約させていただきます。
         期日指定定期の元金  ご契約予定日    月    日
                            お預け予定額          円
         お利息        円は次の貯金に予約させていただきます。
         ○期日指定定期貯金  ○定期貯金(預入期間 2年、1年)  ○その他
                                     (連絡先            )
```

＜使用方法＞

　貯蓄運動を展開した際、農協職員が組合員宅に貯金の勧誘に行き、貯金を獲得するためこの予約カードを作成している。

　予約カードへの記入はすべて農協職員が行い、2部作成し、うち1部を組合員の「控」として手渡している。なお、連絡先欄には農協担当者名のゴム印を押すことにしている。

＜課否判断＞

　不課税

＜理　　由＞

　この予約カードは、農協職員が作成し、貯金の獲得をするため組合員に手渡してくるものであり、「貯金の予約」とはなっているが、貯金予約者の署名、押印などがいっさいなく、予約としての拘束性がないので、課税文書にあたらない。

　なお、連絡先として記載した農協職員名のゴム印は、契約の成立を意味する捺印とは認められない。

12 年金お受取り予約カード

```
（お客さま控）
JA　　　（　　　支所(店)）                    平成　年　月　日

              年金お受取り　ご予約カード
```

（カード様式の画像：氏名、住所、生年月日、電話番号、JAとの取引有無、受給開始予定年月日、口座指定予定店舗、担当者欄などを含む）

※実際に年金をお受取りになる際には、別途お手続きが必要となります。その時期がまいりましたら、当JAからお知らせをさしあげます。
※本予約カードでお預かりしたお客さまの個人情報につきましては、当JAおよび当JAの関連会社・団体や提携会社・団体の商品・サービスの各種ご提案に限り、利用させていただきます。

(1/2)

＜使用方法＞

　年金の振込先を農協に行うことを予約させるため、農協の職員が必要事項を記入し、2部複写の1部に押印して顧客に交付するものである。

＜課否判断＞

　不課税

＜理　　由＞

　年金の振込先を農協に行うことを予約させたいため作成するもので、貯金の予約そのものではないため、第14号文書には該当しない。

13 ATMによる定期貯金振替え

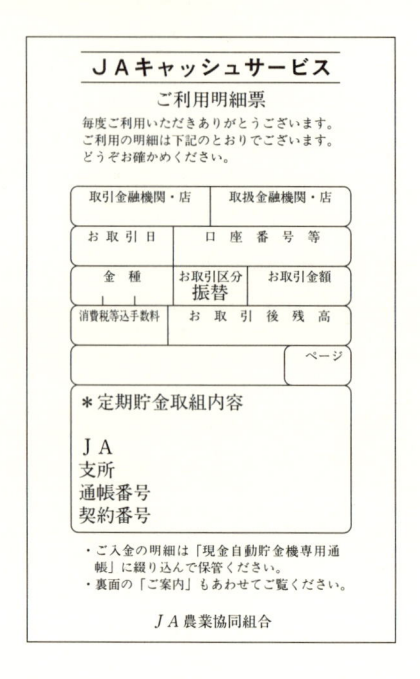

```
        ＪＡキャッシュサービス
           ご利用明細票
    毎度ご利用いただきありがとうございます。
    ご利用の明細は下記のとおりでございます。
    どうぞお確かめください。

    ┌─────────────┬─────────────┐
    │ 取引金融機関・店 │ 取扱金融機関・店 │
    ├──────┬──────┴─────────────┤
    │お取引日│  口 座 番 号 等     │
    ├──────┼──────┬──────────┤
    │ 金 種 │お取引区分│ お取引金額  │
    │      │  振替   │           │
    ├──────┼──────┴──────────┤
    │消費税等込手数料│ お取引後残高     │
    ├───────────────┬────────┤
    │                          │  ページ  │
    ├───────────────┴────────┤
    │ ＊定期貯金取組内容                   │
    │                                    │
    │  ＪＡ                               │
    │  支所                               │
    │  通帳番号                            │
    │  契約番号                            │
    └─────────────────────────┘
    ・ご入金の明細は「現金自動貯金機専用通
      帳」に綴り込んで保管ください。
    ・裏面の「ご案内」もあわせてご覧ください。

           ＪＡ農業協同組合
```

＜使用方法＞

　貯金者がATMを利用して，普通貯金から定期貯金に振替えた際に，ATMからご利用明細票に取り組んだ定期貯金の内容を打出して交付することとしている。

＜課否判断＞

　　第14号文書　　　200円

＜理　　由＞

　普通貯金から定期貯金へ振替える場合は，新たな金銭の預入れを伴うものではないが，ATMから打出されるご利用明細票にこの振替えにより新たに取組んだ定期貯金に関する金額，利率，期間，契約番号，通帳番号など寄託契約の具体的内容を記載して貯金者に交付した場合には，この紙片が寄託契約の成立を証する文書となり第14号文書に該当する。

14 キャッシュカード発行申込書

<使用方法>

　農協の貯金者が，キャッシュカードの利用を希望する場合に，この申込書を作成して提出を受ける。

<課否判断>

　第14号文書　　200円

<理　　由>

　この申込書は，農協が示したキャッシュカード規定を承諾して申込むものであり，かつ，この文書を提出することによりキャッシュカードの利用ができることによって，実質的に貯金契約の払戻方法が変更されることになるため，寄託契約の変更に関する契約書として第14号文書に該当する。

|15| 総合口座通帳(兼カードローン通帳)

```
┌─────────────────────────────────────────────────┐
│ ┌─店番号─┐ ┌─口座番号─┐                         │
│ │      │ │       │  _____  様       │
│ └──────┘ └───────┘                              │
│                                                  │
│         総合口座通帳(兼カードローン通帳)          │
│                                                  │
│                              農業協同組合        │
└─────────────────────────────────────────────────┘
```

普通貯金(兼お借入明細)

年月日	摘　要	お支払金額	お預り金額	差引残高
				赤字印字は借入残高を表示

〈使用方法〉

　農協の貯金者がATMを利用して金銭の貸付け(いわゆるカードローン)を受ける場合には、このカードローンに係る貸付けおよび返済をすべて総合口座通帳の普通貯金口座を通じて行うこととしており、カードローンの返済に充てる金銭の受入れまたは返済額の引落しの事実を併せて付け込んでいる旨を明確にするため、総合口座通帳に「(兼カードローン通帳)」の文言を印字または、シールを貼付して貯金者に交付している。(キャッシュカード取引に関する規定は通帳に印刷せず、別途農協キャッシュカード規定を交付する)

〈課否判断〉

　第18号文書　(1冊につき200円)
　ただし農協等が交付するものは非課税

〈理　　由〉

　通常の預貯金の受入れ、払出しを行うための普通貯金の通帳等で、その普通貯金口座を通じてカードローンの借入れおよびその返済が行われ、これらの借入金の受入れおよびローンの返済に充てる金銭の受入れまたは返済額の引落しの事実を併せて付け込むこととしているものは、間接的にカードローンの返済金の受領事実を証明する効果があるとしても、これらの付け込みは預貯金取引の一環として行われるものであるから、これらの記載があっても第18号文書として取扱われる。

　また、「カードローン専用通帳」のように、普通貯金等の口座からの引落しによる返済または金銭による直接入金など専らカードローンの返済金の受領事実のみを付け込み証明するものは第19号文書に該当する。

　この場合に、カードローン口座への入金額が返済すべき金額を超えているときは、その超える部分の金額を普通貯金口座等へ振替えることとしているものであっても、この通帳は預貯金の受入れ払出しの事実を継続的に付け込むためのものではないから預貯金通帳でなく第19号文書として取扱われる。

　なお、普通貯金通帳等の名称を用いている通帳があっても取引規定等にカードローンの返済専用である旨が記載されている等カードローン返済専用の通帳であることが明らかなものは、第19号文書に該当する。

> (注)通帳に、「カードローン通帳(兼総合口座通帳)」の名称が用いられ、主としてカードローンの借入れおよび返済の事実のみを付け込むことを目的として、通常の普通貯金通帳とは別に発行されているものは、第19号文書として取扱われる恐れがあるので留意する。

16 相続貯金の受取書

```
                    領    収    書

              金_____円也

                但し          貯金
                     元金         円也
                     利子         円也

   平成  年  月  日付相続用貯金払戻請求書に基づき，上記金額正に領収いたしました。

           平成  年  月  日
                       住 所_____
                       氏 名_____㊞
                     農業協同組合  御中
```

＜使用方法＞

　相続人が遺産分割により相続した被相続人名義の貯金を解約した場合に，農協がその現金にかかる元利金を現金で相続人に支払うにあたって，その相続人から徴求する貯金の受取書である。

＜課否判断＞

　非課税

＜理　　由＞

　相続人が相続または遺贈により取得した被相続人にかかる預貯金を解約して，その預貯金にかかる元金および利子を金銭で受取った場合に，その受取り事実を証するために作成する受取書は，営業に関しない受取書として取扱われるので非課税となる。

|17| 当座勘定貸越約定書

当座勘定貸越約定書

平成　　年　　月　　日

農業協同組合
組合理事長　　　　　殿

住　　所　_____
債　務　者　_____

住　　所　_____
連帯保証人　_____

　債務者（以下「私」という）は，貴組合との当座勘定取引に付帯する当座貸越取引について，当座勘定規定および別に差し入れた農協取引約定書の各条項のほか，次の条項を確約します。

第1条（貸越極度額）
　① 貸越極度額は，金　　　　　　円とします。
　② 貴組合はその裁量により極度額をこえて手形，小切手等の支払をすることができるものとし，その支払をした場合には，貴組合から請求ありしだい直ちに極度額をこえる金額を支払います。

第2条（取引期限）
　　この約定による取引は，期限を定めません。

第3条（利息・損害金）
　① 貸越金の利息の割合は年　　％，損害金の割合は年　　％（年365日の日割計算）とし，貴組合は，貴組合所定の時期および方法によって計算した利息・損害金を当座勘定から引き落し，または貸越元金に組み入れることができます。
　② 前項の組み入れにより極度額をこえる場合には，貴組合から請求ありしだ

> い直ちに極度額をこえる金額を支払います。
> ③ 利息の割合および支払の時期，方法の約定は金融情勢の変化その他相当の事由がある場合には，一般に行われる程度のものに変更（値上・値下等）されることに同意します。
>
> 　　　　　　　　（以　下　略）

＜使用方法＞

　農協が，当座勘定取引先から当座貯金の残高がない場合でも，一定金額を限度として当座勘定からの支払いの委託を受けた場合に，債務者から当座勘定貸越約定書の差入れを受けることとしている。

＜課否判断＞

　不課税

＜理　　由＞

　当座勘定貸越契約は，当座預金の残額がない場合に，一定の金額を限度として預金者の振り出した小切手等の支払いに応ずることを約するもので委任契約である。

　当座貯金取引を行うことについての契約書は，預貯金契約としての第14号文書（寄託に関する契約書）に該当するとも考えられるが，預金者が作成した手形，小切手の支払事務を行うことについての委任契約である。すなわち，この当座勘定貸越約定書は，貯金残高が不足する場合に立替払いを行うことを主たる目的とする委任契約にかかる文書である。

　次に，この貸越金の利率および損害賠償金についての規定は，委任契約に基づく立替払金の費用または報酬を定めたもので，委任契約に付随するものである。

　したがって，この文書は委任に関する契約書と認められるところから不課税文書となる。

18 特殊当座勘定借越約定書

特殊当座勘定借越約定書

平成　　年　　月　　日

○○県信用農業協同組合連合会　御中

　　　　　　　　住　　所

　　債務者　　名　　称

　　　　　　　　代表者　　　　　　　　　　㊞

　　　　　　　　名　　称

　連帯保証人

　　　　　　　　代表者　　　　　　　　　　㊞

　私は、○○県信用農業協同組合連合会（以下「○○県信連」という）との特殊当座勘定借越取引（以下「本取引」という）について、別に締結した金融取引約定書の各条項のほか、次の各条項により当座借越取引を行います。

借越極度額	金　　　　　　　　　　　円也
取引期限	年　月　日
入金ならびに決済口座	＿＿＿＿＿貯金　口座番号 □□□□□□□

第1条（取引方法）

　①　この約定に基づく○○県信連との取引は、借越専用の当座勘定口座を利用し、○○県信連の定める請求書による口座振替によって行う当座借越取引に限定します。

　②　○○県信連は借越金を表記の入金ならびに決済口座（以下「指定口座」という）に入金してください。

第2条（借越極度額）

① ○○県信連は金融情勢の変化、債権保全その他相当の理由があるときは、いつでも表記借越極度額を減額することができます。
② 借越極度額を減額された場合には、ただちに減額後の極度額を越える借越金を支払います。
第3条（弁　済）
借越金の弁済は請求書記載の返済予定日（以下「返済予定日」という）に当該請求書記載の借越金額を一括して弁済します。
ただし、○○県信連と協議の上返済予定日以前に、借越金の一部または全額を弁済することができます。
この場合戻し利息が生じたときは○○県信連の定める方法により計算のうえ、指定口座へ入金してください。

　　　　　　　　　　　　（以下省略）

＜使用方法＞
　顧客が信連から、借越専用の当座勘定口座を利用して金銭を借り入れるに際し、貸越極度額、弁済方法等の基本的な事項を取り決める契約書である。
＜課否判断＞
　第1号の3文書　　200円
＜理　　由＞
　一般的な当座勘定貸越契約は、当座預金の残高がない場合に、一定の金額を限度として預金者の振り出した小切手等の支払に応ずることを約するもので委任契約であり、その契約書は課税文書に該当しない。
　しかし、この特殊当座勘定借越約定書は、借越専用の当座勘定口座を利用して金銭を借り入れるに際して作成されるもので、貸越極度額、弁済方法等を定めるものであるから、第1号の3文書に該当する。
　なお、ここに記載されている貸越極度額はいわゆるクレジットラインであり、契約金額には該当しないため、記載金額のない第1号の3文書となる。

19 受取書

<使用方法>

渉外担当者が、集金業務において、取引先から現金、小切手等の有価証券、通帳、貯金証書及び払戻請求書等を受領した場合に、「出資組合員」「出資組合員以外」のいずれかに○を付し、「受取品」「件数」「合計金額」等を記入して、取引先に交付する。

＜課否判断＞
1 現金又は小切手等の有価証券の受取り
　（1）出資組合員に交付するもの　　　非課税
　（2）出資組合員以外に交付するもので，受取金額が5万円以上のもの
　　イ　貯金（備考欄に貯金の種類を付したもの），共済掛金，貸出金元金，振込代り金，税金等の受入れ及び代金取立ての場合──第17号の2文書　200円
　　ロ　貸出金利息，諸手数料の受入れの場合──第17号の1文書　階級定額税率

> （注）1　第17号の1文書と第17号の2文書が混在する場合は，第17号の1文書となる。
> 　　　2　貯金の受入れの場合，口座番号等寄託契約の成立に結びつく事項が記載されているものは第14号文書となり，出資組合員に交付するものや受取金額が5万円未満のものも非課税とはならない。
> 　　　　なお，5の「申込書等」欄に，貯金等の種類を○で囲んで枚数を記載しても，第14号文書には該当しない。
> 　　　3　税金の受入れの場合，公金の取扱いに関する文書に該当するものは非課税となる。

2　通帳，貯金証書，払戻請求書等の受取り　　　不課税

＜理　　由＞
1　農協がその出資者に対して行う事業は営業に該当しないが，出資者以外の者に対して行う事業は営業に該当する（第17号文書非課税物件欄2のかっこ書き）ので，農協が出資者以外の者に交付する受取書は営業に関する受取書として課税対象となる。
2　貯金，共済掛金、貸出金元金，振込代り金，税金等の受入れは，売上代金以外（第17号の2文書）であるが，貸出金利息，諸手数料の受入れは売上代金（第17号の1文書）となる。
　なお，これらが混在する場合は第17号の1文書となるが，5万円未満の

判定に当たっては合計金額で判定し、適用税率の判定は、第17号の1文書に係る金額のみで判定することになる。

3　貯金として現金等を受け入れた場合，備考欄に貯金の種類を記載しただけのものは第17号文書として取り扱われるが，口座番号等寄託契約の成立に結びつく事項が記載されているものは第14号文書として取り扱われる。従って，出資組合員に交付するものや受取金額が5万円未満のものも非課税とはならないので注意が必要である。

4　税金等公金の受入れの場合，公金の取扱いに関する文書に該当するものは非課税となる。この場合，農協等が日銀歳入代理店又は地方公共団体の収納代理金融機関等となっていない場合や税金等公金以外のものを合わせて記載したものは，公金の取扱いに関する文書に該当しないので注意する。

5　通帳，貯金証書，払戻請求書等の受取りは，物品の受取りであるから不課税となる。

20 受取書喪失届（兼受領書）

受取書喪失届（兼受領書）

年　月　日

農業協同組合　御中

〒　　－　　　　　TEL（　）　－	お届け印
おところ	
おなまえ	

受取書（発行日：　　年　月　日、記番号：No.　　　）を喪失いたしましたのでお届けします。
　また、下記受領品を受領いたしました。
　このことについて、万一事故が生じても私が一切の責任を負い、組合に迷惑・損害をかけません。

記

No.	受領品	件数	金額（円）	備考

以　上

＜使用方法＞

　渉外担当者が取引先から現金，通帳，貯金証書等を預かった際，受取書を交付する。後日，取引先の依頼に基づき現金，通帳，貯金通帳等を取引先に

届ける際，先に交付した受取書を回収することとしているが，取引先が受取書を紛失して回収できないときに提出してもらうこととしている。

また，合わせて，その際届けた現金，通帳，貯金通帳等の受領書としても使用している。

＜課否判断＞

1 受領物件が現金又は小切手等の有価証券の場合
　（1）取引先が出資者の場合　　非課税
　（2）取引先が非出資者で，受取金額が5万円以上の場合（5万円未満のものは非課税）
　　イ　取引先が会社，個人商店等営業者の場合　　第17号の2文書　200円
　　ロ　取引先が個人等非営業者の場合　　非課税
2 受領物件が通帳，貯金証書の場合　不課税

＜理　　由＞

1 受取書喪失届は課税文書に該当しない。
2 受領書については，受領物件が現金又は小切手等の有価証券の場合で，取引先が出資者以外の会社または個人商店等の営業者の場合は，第17号の2文書として，受取金額が5万円以上のものについては200円の印紙が必要である。取引先が出資者（組合員）の場合又は出資者以外（組合員以外）であっても個人等の非営業者の場合は，非課税であり印紙を貼付する必要はない。
3 受領物件が通帳，貯金証書の場合は，物品の受取書であるから不課税である。

21 残高確認書

```
                残 高 確 認 書

                              平成   年  月  日

    農業協同組合 御中

                       住 所

                       氏 名           ㊞

 昭和
     年   月   日付営農ローン約定書に基づく営農ローン取引の貯金口座
 平成
 の残高が、平成   年   月   日時点で ＋         円であること
                                －
 を確認しました。
                                    以 上
```

＜使用方法＞

　農協が、営農ローン取引先から農協の決算時点等の一定時点において貯金口座残高について確認を求めるために提出を受けている。

＜課否判断＞

　不課税

＜理　　由＞

　この文書は営農ローン取引にかかる貯金残高の確認文書であって、ローン残高についての返済方法、利率、違約金の定めなど金銭消費貸借契約に結びつく課税事項の記載がないので課税文書に該当しない。

22 グリーンライン変更契約書（特殊当座勘定貸越変更契約書）

グリーンライン変更契約書
（特殊当座勘定貸越変更契約書）

平成　　年　　月　　日

県信用農業協同組合連合会　御中

　　　　　　　　住　　所
　　　　債務者名称
　　　　　　　　代表者

　私が、貴会に差し入れた　　年　　月　　日付、グリーンライン契約書（以下「原契約」という。）の内容を、　　年　　月　　日以降、下記のとおり変更いたします。なお、下記変更のほかはすべて原契約の定めに従います。

記

番号	項　目	原　契　約	変　更　後
1	貸越極度額	金　　　　円也	金　　　　円也
2	入金ならびに決済口座	（　　）貯金　口座番号	（　　）貯金　口座番号

＜記入上の注意＞
変更する項目の当該番号を○で囲み、変更しない項目については番号欄に斜線を引いて下さい。

＜使用方法＞

　グリーンライン契約書（特殊当座勘定貸越契約）を締結している場合において、その契約内容（貸越極度額等）を変更する際に結ぶ変更契約書である。

＜課否判断＞

第1号の3文書　　200円

<理　　由>
　貸越極度額はいわゆるクレジットラインであり契約金額には該当しないため、貸越極度額を変更する契約書は課税文書に該当しないのではないかという疑問が生ずるが、貸越極度額は、貸付残高がその金額を超えるときは貸付を行なわないという解除条件である。契約に付される解除条件は、印紙税法基本通達別表第2に掲げる第1号の3文書関係の重要事項に該当するため、この文書は第1号の3文書に該当することになる。

23 こども貯金の集金袋

学 校 貯 金 集 金 袋				
生徒氏名				
年月日	貯金額	父兄印	受取印	備考
11.1.20	××××	印	印	
11.2.20	××××	印	印	
11.3.20	××××	印	印	

＜使用方法＞

　小中学校の生徒が毎月積立てる学校貯金，旅行積立金などについて，農協の渉外担当者が集金日に学校に出向き，学校貯金集金袋に封入されている金額を確認したうえ，その集金袋の受取人欄に渉外担当者が受取印を押捺して生徒に返却している。

＜課否判断＞

　不課税

＜理　　由＞

　この集金袋は，家賃等の受取事実を連続的に付け込む受取通帳または渉外担当者が得意先から貯金として受入れた場合に付け込む入金取次帳などと同じく，原則として第19号文書（金銭または有価証券の受取通帳）として取扱われる。

　この19号文書には，非課税規程はないが，例外的に学生，生徒からの授業料納入袋，月謝袋等は課税しないこととされている。

　この集金袋は，本来的には学校の教師が取扱うべきものを，農協職員がサービスとして事務を代行しているに過ぎず，かつ，学校貯金，旅行積立貯金等についてはその金額が3,000円〜5,000円の少額であることなどの事情を考慮し，国税庁では上述の授業料納入袋に準じた取扱いをすることとしている。

24 共済掛金振替済(領収)のお知らせ

```
┌─────────────────────────────────────────────────────┐
│          共済掛金振替済(領収)のお知らせ                  │
│                                                     │
│  ＪＡ共済をご利用いただき、ありがとうございます。         │
│  共済掛金を下記のとおり口座振替により領収しましたのでお知らせいたします。│
│ ┌────┬────┬────┬──────┬────┬────┬──────┐│
│ │ 県 │組合│支所│組合員コード│共済種類│契約番号│契約年月日││
│ │    │    │    │          │      │      │ 年  月  日││
│ ├────┴┬───┴────┼──────┼────┬─┼────┬─┼──────┤│
│ │払込年・回数│ 掛金年月  │共済掛金 円│割りもどし金 円│払込共済掛金 円││
│ │ 年   ヵ月│ 年    月 │         │        │         ││
│ └──────┴──────┴──────┴──────┴──────┘│
│  口座番号                       振替日  年  月  日   │
└─────────────────────────────────────────────────────┘
```

＜使用方法＞

　農協が共済掛金を口座振替により受領した場合に、その事実を証するために交付している。

＜課否判定＞

　第17号の２文書
　農協が出資者に交付するものは非課税。

＜理　　由＞

　この文書は、農協が共済掛金を口座振替した場合に交付する文書であり、農協が金融機関の業務として口座振替事務の事務処理結果を通知する文書ともみられるが、この文書には「(領収)のお知らせ」及び「口座振替により領収しましたのでお知らせいたします」という文言が記載されていることから、共済事業を行う農協が共済契約者に対して口座振替により共済掛金を領収した旨を通知する文書でもある。

　このことから、第17号の２文書(売上代金以外の金銭の受取書)に該当することとなり、共済契約者が出資者の場合は非課税となるが、出資者の家族(準組合員)や非出資者の場合は領収金額が５万円以上であれば一律に200円の税率で課税される。

事例編① * 貯金関係文書の取扱い

25 貯金受取書(その1)

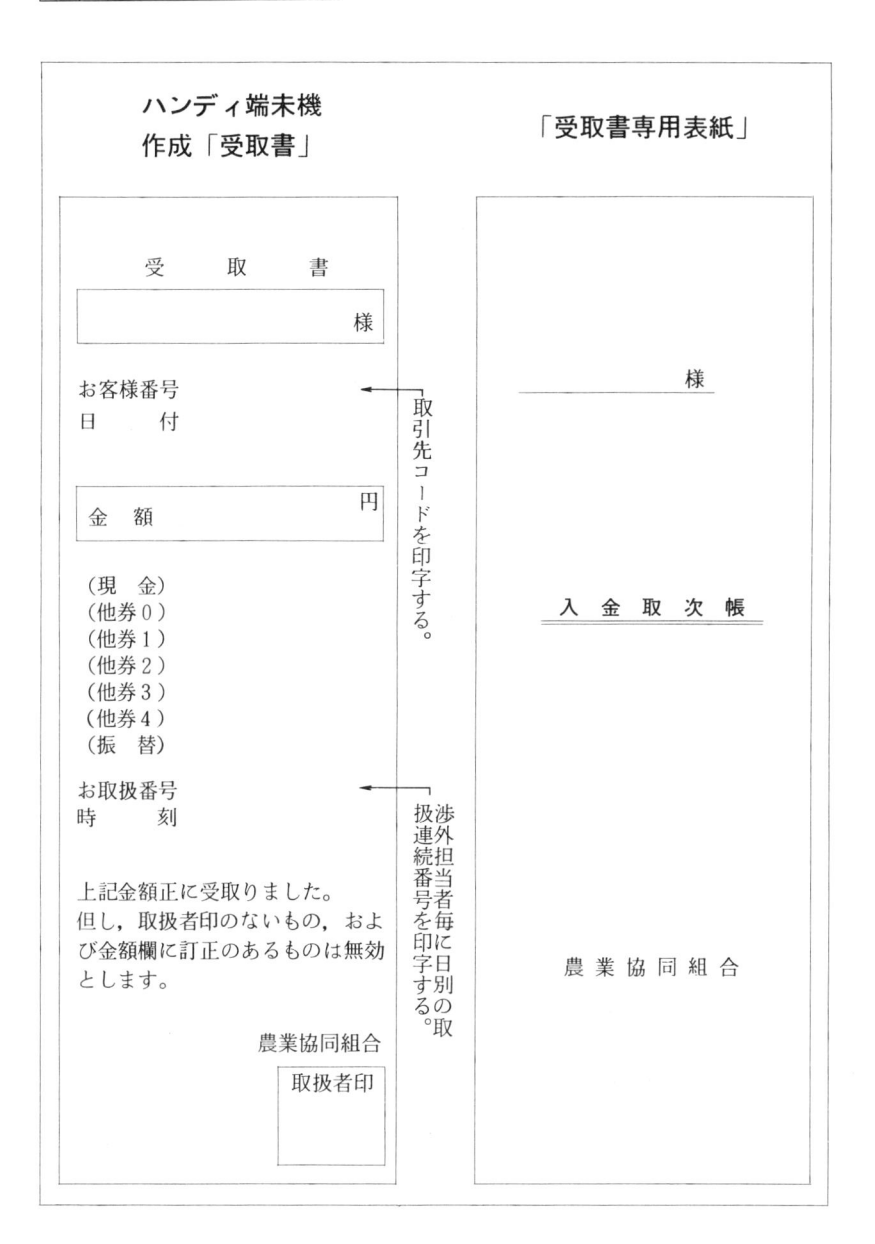

ハンディ端末機作成「受取書」

受　取　書

　　　　　　　　　　　様

お客様番号
日　付

金　額　　　　　　　　円

（現　金）
（他券０）
（他券１）
（他券２）
（他券３）
（他券４）
（振　替）

お取扱番号
時　刻

上記金額正に受取りました。
但し，取扱者印のないもの，および金額欄に訂正のあるものは無効とします。

　　　　　　　　農業協同組合
　　　　　　　　取扱者印

取引先コードを印字する。

渉外担当者毎に日別の取扱連続番号を印字する。

「受取書専用表紙」

　　　　　　　　　　　様

入　金　取　次　帳

農　業　協　同　組　合

＜使用方法＞
　渉外担当者が，顧客から預貯金に入金するための金銭を受取った時は，携帯用端末機によって受取書を発行している。
　顧客には，この受取書を順次とじ込んでもらうための専用のとじ込み用表紙「入金取次帳」を交付している。
＜課否判断＞
　　第17号の2文書　　　200円
　　ただし，出資者に対し交付するものは非課税
＜理　　由＞
　この受取書は，顧客から金銭を受取り貯金へ入金処理する際に，その金銭の受取り事実を証するために発行するものであり，かつ，この受取書には貯金の口座番号，期間，利率など金銭の寄託を証する記載文言がないので，売上代金以外の金銭の受取書となり，第17号の2文書に該当する。
　なお，この受取書を専用のとじ込み用表紙に順次編てつしても，通帳として取扱われることはなく，したがって，入金取次帳としての要件を備えたことにはならないので，個々の受取書について課税されることになる。

26 貯金受取書(その2)

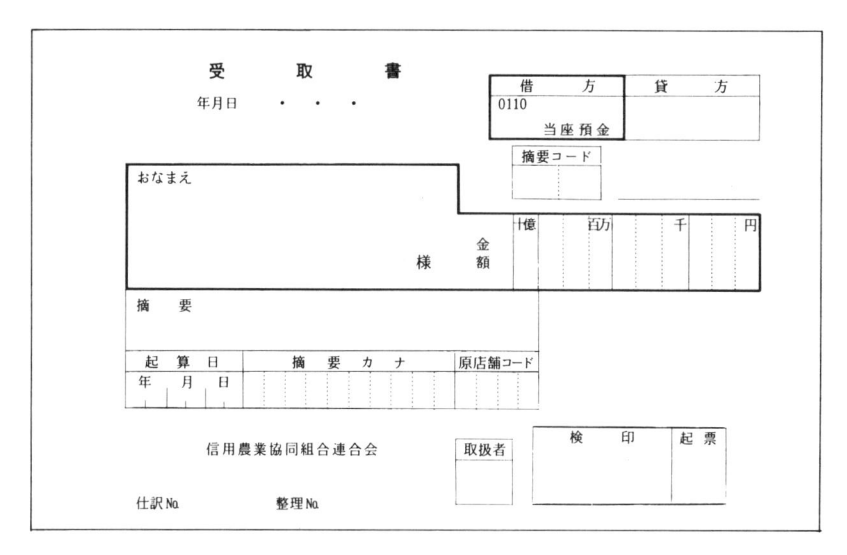

<使用方法>

信連が農協に集金に行った際に、当座勘定への受入れ事実を証明するために交付するものである。

<課否判断>

第17号の2文書　　200円

ただし、農協等が出資者に対し交付するものは非課税

<理　由>

この受取書は、金銭の受領事実のみを証明目的とする受取書の名称が付されていて、単に受領原因としての当座預金という預金の種類だけが記載されているにすぎないので、第17号の2文書として取扱われ、農協等が出資者に対して交付するものは非課税となる。

なお、受取書であっても、受託文言、口座番号、預金期間等寄託契約の成立に結びつく事項が記載されているものは第14号文書となるので、注意しなければならない。

27 貯金受取書(その3)

```
┌─────────────────────────────────────────────────┐
│ ┌──────────────┐                                │
│ │定期、通知、普通、│   貯 金 受 取 書              │
│ │当座、別段、その他│                              │
│ └──────────────┘                                │
│                          平成  年  月  日        │
│ (おなまえ)                                       │
│                                                  │
│  _____様    金        円也           │
│  上記金額正に受領しました。                      │
│ ┌──────────────┬──────────┬──────────┐          │
│ │(摘要)          │摘要コード │原店舗コード│        │
│ │                │          │          │          │
│ ├────┬────┬────┼──────────┴──────────┤        │
│ │起算日   │処理日  │     農業協同組合    │        │
│ │年 月 日 │年 月 日│                     │        │
│ └────────┴────────┤         ┌──────┐    │        │
│                    │         │取扱者印│    │        │
│                    │         │      │    │        │
│                    │         └──────┘    │        │
└─────────────────────────────────────────────────┘
```

＜使用方法＞

渉外担当者が，顧客から貯金として金銭を集金した際に，金銭の受入れ事実を証明するために交付している。

＜課否判断＞

第14号文書　200円

＜理　由＞

受取書，受領証などの名称が付されていても，受託文言，口座番号，貯金期間，利率など寄託契約の成立に結びつく事項が記載されておらず，単に受領原因としての貯金の種類が記載されているものは，受取書として取扱われる。

これは受取書には，売上代金にかかる受取書と売上代金以外の受取書では適用税率が異なるため，作成された文書がどれに該当するか文書上明確にする必要があるところから，受領原因としての貯金の種類を受取書の備

考欄に記入する程度のものは受取書として取扱うこととしている。

　しかし，この文書は，貯金種類を標題に記入し，かつ，貯金受取書という名称を用いているので貯金としての金銭を受領したことが文書上明らかになっているので，第14号文書に該当するものとして取扱われる。

28 貯金入金受取証

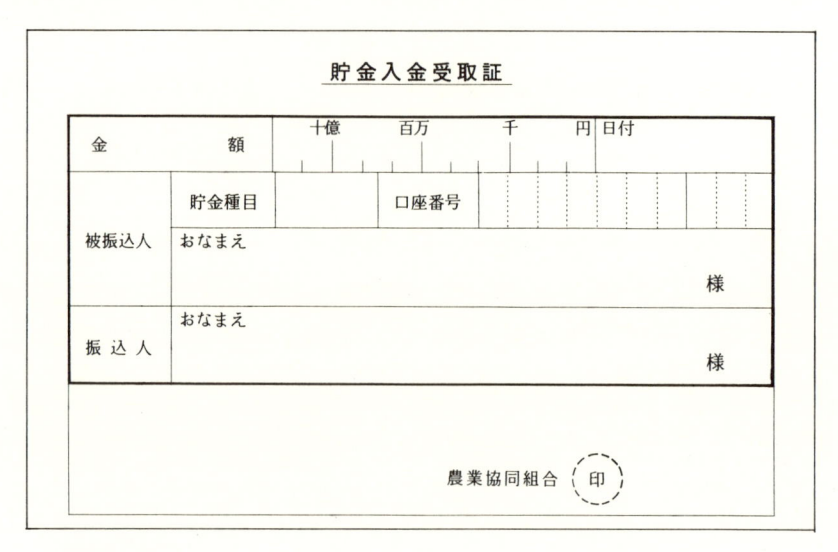

<使用方法>

　自店の顧客の貯金口座へ第三者が金銭を入金した場合に，農協がその金銭の受取りの事実を証明するために交付するものである。

<課否判断>

　　第17号の２文書　　　200円

<理　　由>

　この受取証は，振込人から被振込人の貯金口座へ振込みがあった場合に，その振込人に対し金銭の受領の事実を証明するために交付するものであるから，売上代金以外の金銭の受取書に該当し，第17号の２文書（振込人が出資者である場合は非課税）となる。

　なお，受取証に被振込人の貯金種目，口座番号が記載されているが，これは振込先の貯金口座を特定させるために必要な表示であって，この受取書の交付先は振込人に対するものであるから，金銭の寄託に関する契約書としては取扱われない。

29 通知貯金申込書

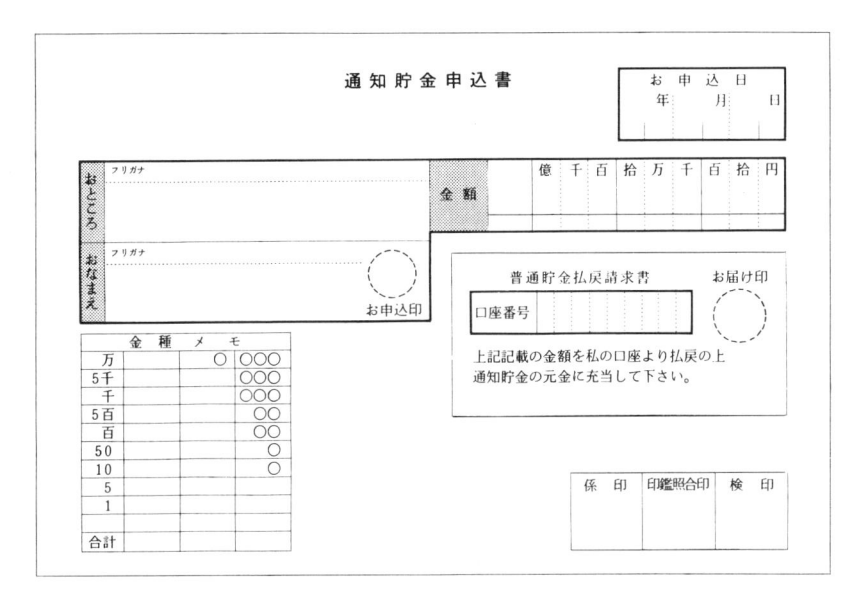

<使用方法>

普通貯金を払戻して通知貯金に振替える場合に貯金者が作成するもので、通知貯金の申込書と普通貯金の払戻請求書を兼ねている。

<課否判断>

不課税

<理　由>

この文書は、普通貯金から通知貯金に預け替えるための事務処理を委任する内容の申込書であり、課税文書に該当しない。

30 再発行貯金通帳受取書

```
                当座性貯金再発行通帳受取書        日付

    貯金種目              口座番号
                      十億   百万   千   円
    現在残高

         私名義の上記貯金の通帳は喪失のため再交付を，かねて請求しておりましたが，本日上
        記現在残高記入の新通帳の発行を受けまさに受領いたしました。つきましては，旧通帳は，
        今後無効でありますことはもちろん，もし発見した場合には，ただちに貴組合へ提出い
        たします。後日このことについて万一事故が生じましても私どもにおいていっさい引き受
        け貴組合に迷惑をおかけいたしません。

              本 人   おところ
                     おなまえ                    お届け印
              連帯保証人 おところ
                     おなまえ                    お届け印
                          農業協同組合 御中
                                          係印  検印
```

<使用方法>

　普通貯金および別段貯金などの通帳を喪失した取引先から通帳の再発行依頼があった場合に，再発行通帳の交付に際し貯金者から受取書を徴している。

<課否判断>

　不課税

<理　　由>

　この受取書は，再発行通帳の受取り事実を証明するもので，金銭または有価証券の受取りではないので，第17号文書には該当しない。

　また，連帯保証人の署名捺印欄があるが，この事項は，通帳の再発行に伴って万一農協に不測の損害が生じた場合に，この損害額を補てんするという損害担保契約書に併記された保証契約と解されるから，債務の保証契約（第13号文書）には該当しない。

31 当座勘定取引申込書

当座勘定取引申込書

平成　年　月　日

　　　農業協同組合　御中

　　　　　　　　住　　所
　　　　　　　　名　　称
　　　　　　　　代表者名
　　　　　　　　（氏名）　　　　　　　　　印

当社/私は別に定める規定を承諾のうえ当座勘定取引の申し込みをいたします。

取引開始希望日	
事　業　内　容	
連　絡　先	
添　付　書　類	

（農協使用欄）

業種および主な生産販売品		取引状況	出資金	
資本金または資産			貯　金	
生産または販売高			貸付金	
			販売利用高	
従　業　員　数			購買利用高	
設立または開業年月日			共済契約高	
信用調査欄				
結　論		決　裁　日		

＜使用方法＞

　この申込書は，農協と新たに当座勘定取引をしようとする顧客から徴求するものである。

＜課否判断＞

　不課税

＜理　　由＞

　当座勘定取引は，単なる貯金契約ではなく，金融機関と顧客との間において手形，小切手等の支払事務等の委託契約の締結を内容としているところから，顧客の信用度が重視される取引である。

　そこで，当座勘定取引の申込みがあっても自動的に契約が成立するものではなく，顧客の信用度，既往の取引状況等を検討してから取引を決定することとしている。

　したがって，この当座勘定取引申込書は，契約の申込みの事実を証明する目的で作成される単なる申込文書にすぎず，印紙税法上の契約書に該当しない。

32 当座貯金入金票

相手科目コード	科目コード	当 座 貯 金 入 金 票

（※帳票レイアウト：取引先名、備考、口座番号、金額、摘要コード、摘要名、起算日、資金区分〔他店券1、他店券2、タテン、未来起算〕等の欄あり。「上記の通り貴殿口座に入金いたしました。」「信用農業協同組合連合会」）

＜使用方法＞
　当座勘定に入金があった際に，窓口担当者がその貯金の受入れの事実を証明するために貯金者に交付することとしている。

＜課否判断＞
　　第14号文書　　200円

＜理　　由＞
　当座勘定への貯金の受入れ事実を証するために，窓口担当者が作成する預り証，入金票で，金銭を保管する目的で受領するものであることが明らかなものは，第14号文書として取扱われる。
　この入金票には，口座番号，金額，摘要等その貯金の内容を特定する事項が記載されており，かつ，「貴殿の口座に入金した」旨の貯金としての預り文言が記載されているので，寄託に関する契約書となり第14号文書に該当する。
　なお，この当座勘定入金票の紙片を一定枚数ずつ表紙をつけて綴込んで顧客に交付しておき，顧客が預入れのつど窓口に提示するものとした場合は，当座勘定入金帳（通帳）として取扱われるので，農協等については，第18号文書非課税物件欄の適用を受けて非課税となる。

33 当座勘定決算通知書

```
        当座勘定決算通知書                    当座勘定承認書
                    年  月  日                          年  月  日
  口座番号
                          様                                御中
                                      (住所)
                                      (氏名)                 印
 毎々，格別の御利用を賜り厚く御礼申し上げます。   拝復 当座勘定については，平成 年 月 日現在にお
 さて，当座勘定について平成 年 月 日現在において   いて決算通知下さいました残高及び利息を照合いたし
 決算いたしましたところ，貴殿の残高は下記のとおりで   したところ，下記のとおり相違ありませんから通知申
 あります。なお，利息は翌営業日付で貴殿当座勘定に振   し上げます。
 替記帳いたしましたから併せて御承認願います。      (お願い)
 おって，2週間以内に何等の申し出がない場合は，御承    ご照合のうえ，本承認書を必ず折返してご返送下さい。
 認いただいたものといたします。            口座番号
```

対象期間	(自) 年 月 日 (至) 年 月 日	対象期間	(自) 年 月 日 (至) 年 月 日
平成 年 月 日現在残高	円	平成 年 月 日現在残高	円
貯 金 利 息	円	貯 金 利 息	円
貸 越 利 息	円	貸 越 利 息	円

＜使用方法＞

　農協が当座勘定取引を行っている顧客に対して，一定日現在における当座勘定の残高および貸越利息の金額を記載した当座勘定決算通知書によって通知し，その顧客からその貯金残高および利息金額が正確である旨の承認書を返送してもらっている。

＜課否判断＞

　不課税

＜理　　由＞

　この決算通知書は，一定時点（貯金の決算時点）における当座勘定残高と貯金利息，貸越利息の計算結果など，専ら当座勘定の事務処理結果と利息の計算結果を通知するものであり，単なる通知文書にすぎず，課税文書に該当しない。

　また，顧客から返送される当座勘定承認書は，単に当座勘定残高および貸越利息等の残高を確認した旨の内容で，借越金額および貸越利息等についての具体的な返済方法が定められていないので，第1号の3文書にも該当しない。

34 貯金引落依頼書

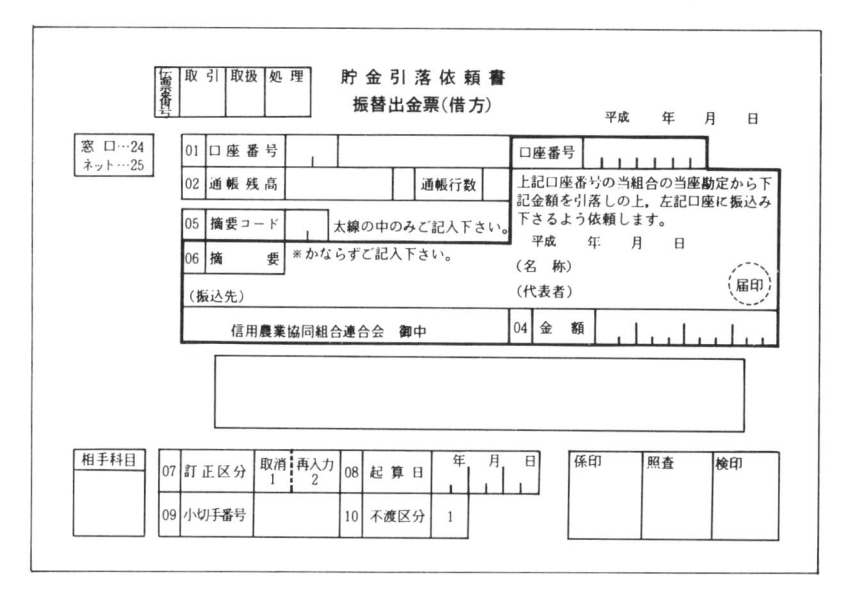

<使用方法>

　この依頼書は，顧客（A社）の当座勘定から引落して，県信連の貯金取引先である他の顧客（B社）の貯金口座への振替を依頼するものである。

<課否判断>

　不課税

<理　　由>

　この依頼書は，A社の当座勘定からB社の貯金口座への振替えを依頼したものであり，単なる依頼書として取扱われ不課税となる。

35 当座勘定入金帳

No.		口座番号						

_____ 様

当 座 勘 定 入 金 帳

信用農業協同組合連合会

年 月 日	明 細		金 額	証印	年 月 日	明 細		金 額	証印
	現 金					現 金			
	他店券	枚				他店券	枚		
	現 金					現 金			
	他店券	枚				他店券	枚		
	現 金					現 金			
	他店券	枚				他店券	枚		
	現 金					現 金			
	他店券	枚				他店券	枚		
	現 金					現 金			
	他店券	枚				他店券	枚		

＜使用方法＞

　農協の渉外担当者が当座勘定取引先から当座勘定への預り金を受領する際に，あらかじめ取引先に交付しておいた当座勘定入金帳の所定欄に，「預入年月日」，「金額」等を記入し，証印を押捺して取引先に交付しているものである。

＜課否判断＞

　　第18号文書（農協等は非課税）

＜理　　由＞

　当座貯金への入金の事実のみを付け込んで証明する，いわゆる当座勘定入金帳（付け込み時に当座勘定への入金となる旨が明らかにされている集金用の当座勘定入金帳も含む）は，預貯金通帳としての取扱いが認められている。

　この入金帳も，当座勘定への入金の事実を付け込むものであり，預貯金通帳として取扱われ，農協等については非課税の適用がある。

36 貯金お取引ご明細

```
              お取引ご明細

_____ 様    平成  年 月 日

┌──────┬─────┬──────┬─────────┐
│口座番号│      │取引内容│         │
│        │      ├──────┼─────────┤
│        │      │金  額 │         │
└──────┴─────┴──────┴─────────┘

 本日お取引いただきました明細は上記の通りであります。
 次回ご来店の際記帳いたしますのでご了承ください。

                                    ┌────┐
                                    │取扱者印│
                                    │    │
                                    └────┘
            農業協同組合
```

＜使用方法＞

　オンラインシステムに障害が発生し，ＡＴＭによる入出金処理ができない場合に，窓口端末機だけを利用して貯金の受入，払戻しを行うときに，その取引明細として交付するものである。

＜課否判断＞

　第14号文書　　200円

＜理　　由＞

　このお取引ご明細は，金銭の受領事実のほか，口座番号など金銭の寄託に関する契約の成立に結びつく事項が記載されているので，貯金の預り証として取扱われ，第14号文書に該当することになる。

37 総合口座取引報告書

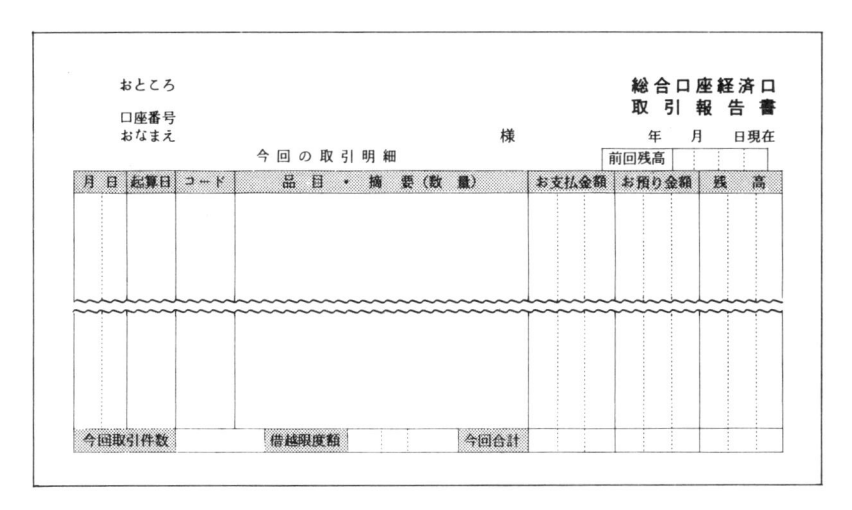

```
                                        総合口座経済口
   おところ                                取 引 報 告 書
   口座番号
   おなまえ                    様        年   月   日現在
           今回の取引明細              前回残高
  月日 起算日 コード 品目・摘要（数量） お支払金額 お預り金額 残 高




  今回取引件数    借越限度額    今回合計
```

＜使用方法＞

　普通預金（総合口座）の取引を行っている顧客に対し，貯金通帳を発行しないで，毎月1回その月中の受入額と支払額および残高など，個々の取引内容を通知している。

＜課否判断＞

　　第14号文書　　200円

　専用のとじ込用表紙を交付すれば，（預貯金通帳）（第18号文書）に該当し，農協等は非課税

＜理　　由＞

　この取引報告書は，1カ月中の貯金取引の内容を明らかにするために普通貯金通帳の代わりに交付するものであり，預り金額，支払金額について個々の取引内容が記載されているところから，「預金の受入事実を証明する」ものとして第14号文書に該当する。

　なお，このような取引報告書にそれぞれページを付し，貯金者に専用のとじ込み用表紙を交付しておき，順次編てつすることとしている場合は，その全体が預金通帳（第18号文書）として取扱われ，農協の場合は非課税となる。

38 普通貯金入金帳

自 平成　年　月　日
至 平成　年　月　日

口	座	番	号	CD
1698				

　　　　　　　　　　　　　　様

普 通 貯 金 入 金 帳

信用農業協同組合

普通貯金受入票（A）

取引日
（西暦）'　年　月　日

太線の中だけで記入ください。

昭和　年　月　日
おなまえ

	億	千	百	拾	万	千	百	拾	円
金　　額									

内訳
- 現金
- 当店券　枚
- 他店券　枚

（摘要）

取引区分：現金・振替・新規・締後・再入・無通・訂正

データキー

口	座	番	号	CD
1698				

有通の場合には通帳前残高により操作

種別　利率　税　限度額　0000　×

起算日　摘要コード
日付　　　　　　コード

実行キー
口座番号
通残(+)

起票印　記帳印　検印

信用農業協同組合

＜使用方法＞
　農協の渉外担当者が，顧客から普通貯金として金銭を預った際に，その受入の事実を連続的に付け込んでいる。
　「受入票(A)」は，金銭と一緒に農協に持ち帰り，別に複写で作成される「受入控(B)」（通帳方式）には担当者印を押捺して貯金者に返戻することとしている。

＜課否判断＞
　　第19号文書　　1冊につき400円

＜理　　由＞
　この普通貯金入金帳は，普通貯金の受入，払出を連続的に付け込み証明する目的で作成されるものではなく，受入事実のみを付け込み証明するものであり，入金取次帳と同様の目的で作成されるものと認められる。
　したがって，この通帳は，第19号文書に該当する。
　なお，当座勘定入金帳は，当座貯金の払出が小切手の支払いにより行われるという当座預金の性格から，受入事実のみを付け込むものであっても，特に預貯金通帳として取扱われているものであって，普通預金には適用されないことに留意する。

39 未記帳照合表

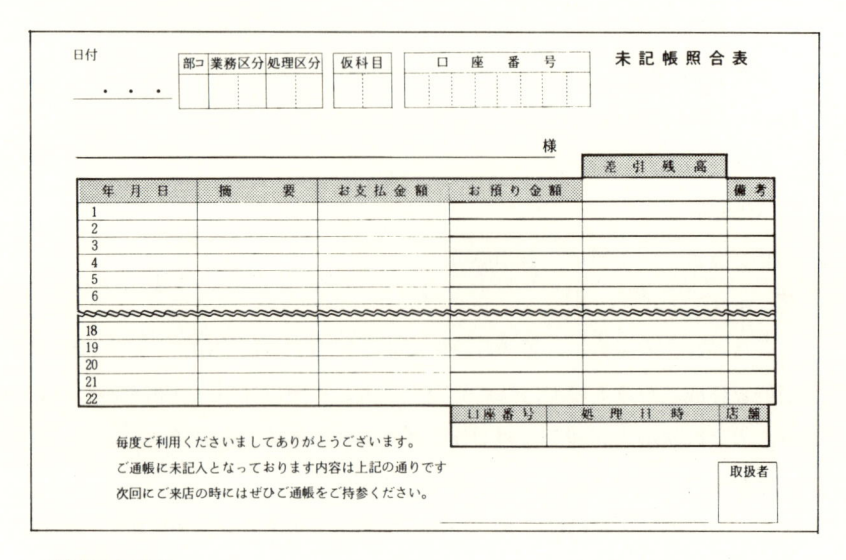

<使用方法>

　普通貯金取引を行っている顧客について、ＡＴＭの利用、貯金口座振替などにより通帳への未記帳部分が一定件数（20件）に達した場合には、電算機による管理上、その未記帳部分の明細を、この未記帳で明細に打ち出して顧客に送付し、通帳にはその未記帳部分の合計額をもって一括記帳している。

<課否判断>

　不課税

<理　　由>

　この未記帳照合表は、普通貯金通帳を交付している取引先に対して、未記帳取引の照合を目的として交付されるもので、金銭の寄託契約の成立を証明する目的で作成するものではないから、第14号文書として取扱われない。

　なお、普通貯金通帳を発行していない場合に、貯金取引の明細として個々の取引内容を証明する目的で作成される文書のうち、貯金の受入れ事実の記載があるものは、第14号文書として取扱われる。

40 当座勘定取引先死亡に伴う念書

念　　　書

　　　　　　　　　　　　　　　　　　　　平成　年　月　日

信用農業協同組合連合会　御中

　　　　　　　　　住　所
　　　　　亡　　　　　　相続人（続柄）
　　　　　　　　　　　　　　　　　　　　　　　　　　㊞

　　　　　　　　　住　所
　　　　　亡　　　　　　相続人（続柄）
　　　　　　　　　　　　　　　　　　　　　　　　　　㊞

　貴会と当座勘定取引をいたしておりました　　　　　は平成　年　月
日死亡し，私（共）が相続いたしましたので，同人が貴会に対し持っておりま
した権利義務一切は私（共）が承継いたしますから，別紙戸籍謄本，除籍謄本およ
び印鑑証明書を添えてお届けいたします。
　なお，同人が生前振出し，または引受けいたしました手形，小切手は，同人名義
当座勘定から，お支払いおきくださいますようお願いします。もし，残高が不足し
たときは，私（共）に何等通知をせず，支払拒絶くださいましても異議ありません。
　万一，上記の支払い，または支払拒絶により事故が生じましても一切私（共）に
おいて責を負い，貴会に対してはご迷惑をおかけいたしません。

　　　　　　　　　　　　　　　　　　　　　　　　以　上

＜使用方法＞

　この念書は，当座勘定の取引者が死亡した際に，その取引者が生前に振出
していた手形および小切手の決済を承諾することについて，その取引者の相
続人から提出してもらう承諾書である。

＜課否判断＞

　不課税

＜理　　由＞
　この念書は，相続により被相続人の有していた債権債務の一切を相続人が承継したことの金融機関への届出であって，第15号文書には該当せず，また，被相続人が生前に振出した手形，小切手の支払を改めて委託したものであるから，不課税文書として取扱われる。

41 当座勘定照合表

<使用方法>

　この照合表は，当座勘定取引を行っている顧客に対して，一定期間内の取引内容を通知するものである。なお，別途，当座勘定入金帳を作成している。

<課否判断>

　不課税

<理　　由>

　当座勘定契約は，預金契約であると同時に支払事務の委任契約でもあるから，当座勘定への入金に際し当座勘定入金帳を交付し，預け入れの事実が別に証明されることとなっている場合には，この通知書は未回収小切手等の照合目的で作成される事務処理結果の単なる連絡文書として取扱われ，第14号文書には該当しない。

　したがって，当座勘定入金帳が使用されていない場合は，この通知書に個々の預金の受入事実が記載されているため，第14号文書として取扱われることになる。

　なお，他の取引先からの当座入金とか普通貯金からの口座振替に際しては，当座勘定入金帳に記入されないときもあるが，全体的な取引のしくみとして，当座勘定入金帳が使用されている場合は，この照合表は第14号文書としては取扱われない。

42 当座勘定取引通知書

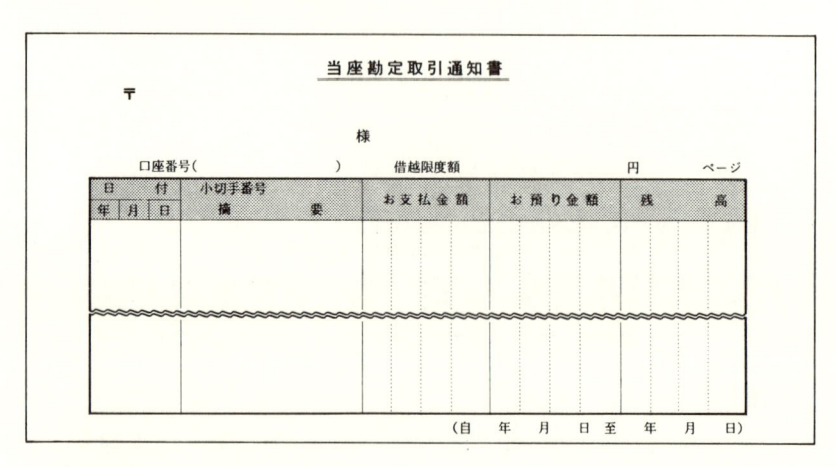

<使用方法>

　この通知書は，当座勘定取引を行っている顧客に対し，一定期間内の取引内容を通知するものであるが，当座勘定への入金にあたり当座勘定入金帳は用いられていない。

<課否判断>

　第14号文書　　200円

　専用のとじ込み用表紙を交付している場合は第18号文書に該当し，農協等の場合は非課税

<理　　由>

　この通知書には，当座貯金への個々の受入事実が記載されているため，預入れにあたり，当座勘定入金帳が用いられていない場合は，第14号文書となる。

　なお，専用のとじ込み用表紙を交付しておき，これに順次編てつすることとしている場合は，この通知書の様式からみて全体が預貯金通帳（第18号文書）として取扱われるので，農協等が発行するものであれば非課税の適用が受けられる。

43 未記帳取引照合表

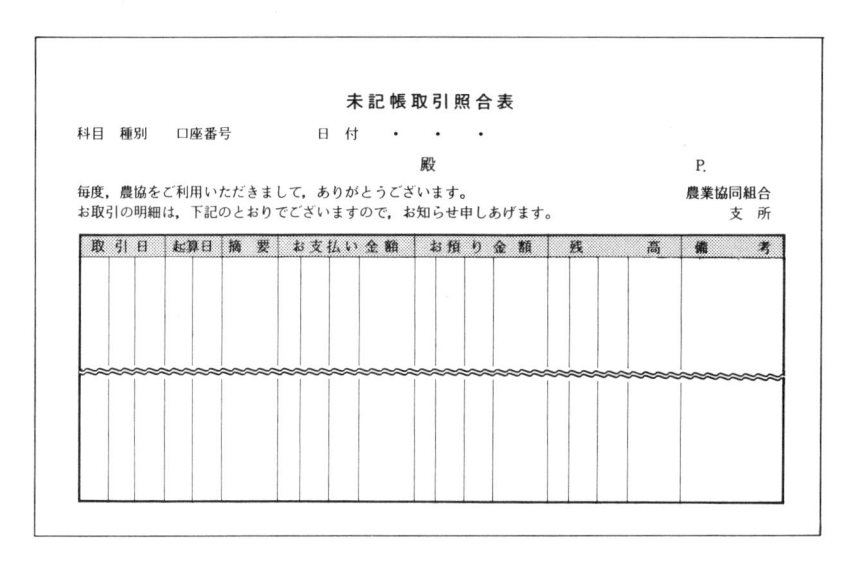

```
                    未記帳取引照合表
  科目 種別  口座番号      日 付  ・  ・
                           殿                        P.
  毎度，農協をご利用いただきまして，ありがとうございます。     農業協同組合
  お取引の明細は，下記のとおりでございますので，お知らせ申しあげます。   支 所
```

取引日	起算日	摘 要	お支払い金額	お預り金額	残 高	備 考

＜使用方法＞

　普通貯金取引を行っている顧客に対し，普通貯金通帳への未記帳部分が一定件数に達した場合には，電算機による管理上，その未記帳部分を合算して通帳に一括記帳することとし，顧客にはこの未記帳取引照合表を送付している。

＜課否判断＞

　不課税

＜理　　由＞

　普通貯金通帳を交付している顧客に対して，専ら未記帳取引の照合を目的として交付するものであれば，金銭の寄託契約の成立を証明する目的で作成されたものではないから，第14号文書に該当しない。

　なお，普通貯金通帳を交付していない顧客に対し，貯金取引の明細として個々の取引内容を証明する目的で交付したものであれば，第14号文書として取扱われることになる。

44 当座勘定受払通知書

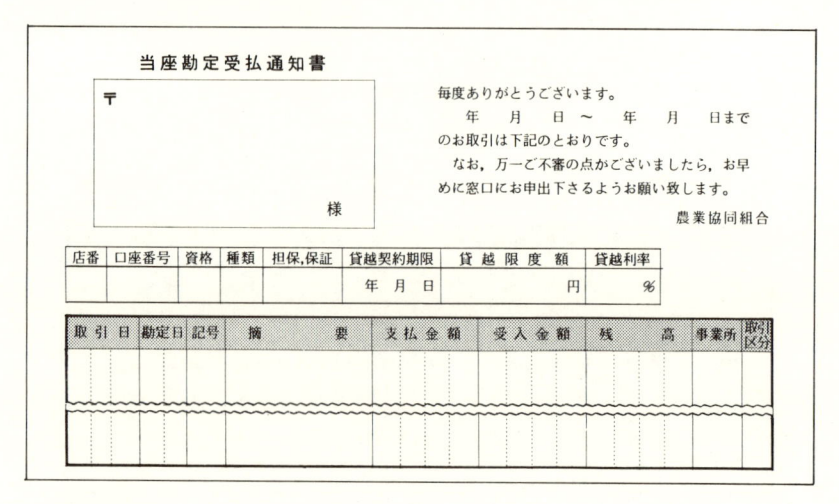

```
       当座勘定受払通知書
   ┌─────────┐   毎度ありがとうございます。
   │ 〒       │     年  月  日～  年  月  日まで
   │         │   のお取引は下記のとおりです。
   │         │   なお、万一ご不審の点がございましたら、お早
   │         │   めに窓口にお申出下さるようお願い致します。
   │      様 │                        農業協同組合
   └─────────┘
```

店番	口座番号	資格	種類	担保,保証	貸越契約期限	貸越限度額	貸越利率
					年 月 日	円	%

取引日	勘定日	記号	摘　要	支払金額	受入金額	残　高	事業所	取引区分

＜使用方法＞

　この受払通知書は，農協が当座勘定の取引先に対し，一定期間内の当座取引の内容を通知するために交付している。なお，当座勘定への入金にあたっては，当座勘定入金帳を使用していない。

＜課否判断＞

　第14号文書　　　200円

　専用のとじ込み用表紙を交付している場合は第18号文書に該当し，農協等の場合は非課税

＜理　　由＞

　この通知書には，一定期間内における当座勘定取引の個々の取引内容を記載することとなっていて，貯金の受入事実の記載があるところから第14号文書に該当する。

　なお，専用のとじ込用表紙を取引先に交付しておき，これに綴込ませることとしている場合は，全体が第18号文書（預貯金通帳）に該当することとなり，農協等の場合は非課税である。

事例編①＊貯金関係文書の取扱い

45 定期貯金申込書

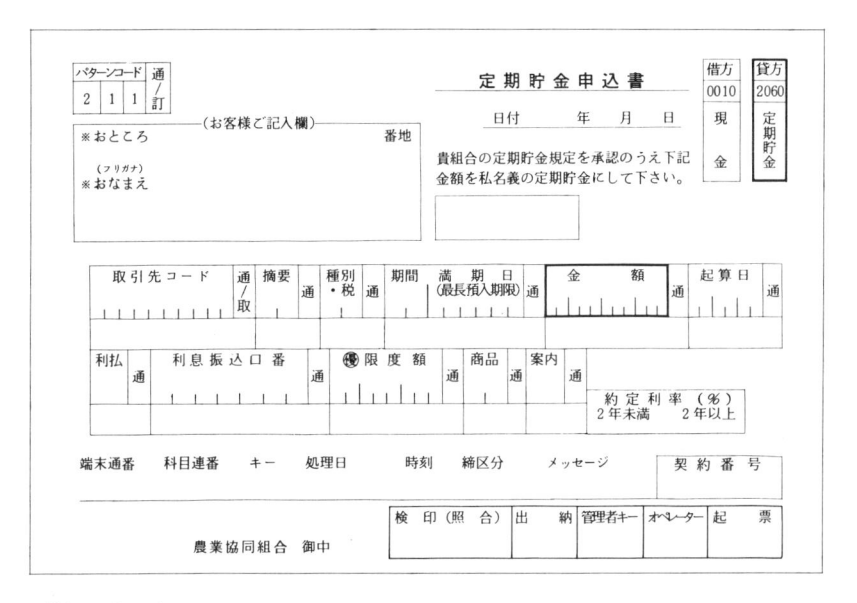

<使用方法>

定期貯金を新規に取組む場合に，現金と一緒に定期貯金申込書を窓口に提出してもらう。

<課否判断>

第14号文書　　200円

<理　　由>

定期貯金申込書は，一般的に貯金契約の申込みの事実を証明する目的で作成される単なる申込文書であって，契約書には該当しない。

しかし，契約当事者の間の基本契約書，規約または約款等に基づく申込みであることが記載されていて，一方の申込みにより自動的に契約が成立することとなっている場合における申込書は，契約書として取扱われる。

この貯金申込書には，「貴組合の定期貯金規定を承認のうえ……」という文言が記載されており，定期貯金等については取組みの申出があった場合は，

通常，特段の事情がない限りそのまま貯金申込みを受理し，寄託契約が成立することとなっている実情にあるので，この申込書は，寄託契約の成立を証する文書として判定される。

なお，申込書のうち「貴組合の定期貯金規定を承認のうえ」の文言の記載がないものは，一方的な申込文書と認められるので，課税文書には該当しない。

46 定期貯金書替継続申込書

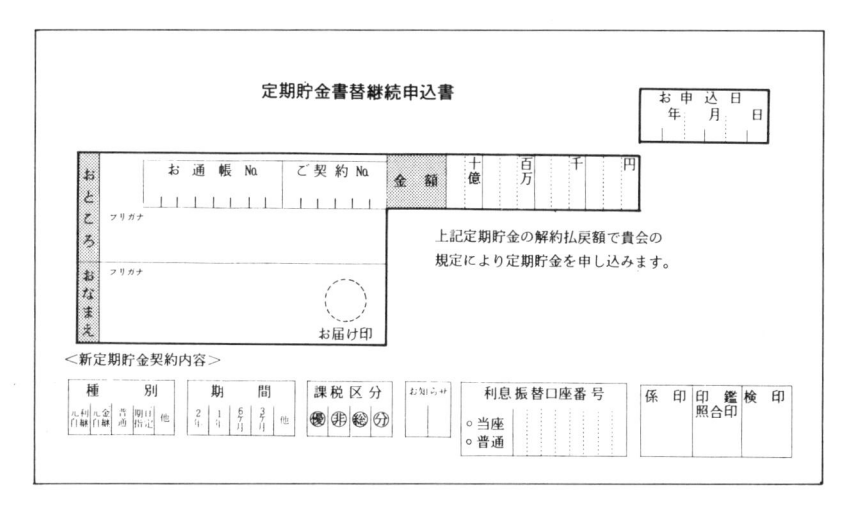

<使用方法>

　定期貯金の満期日が到来し，その定期貯金を書替継続する場合に，貯金者からこの書替継続申込書の提出を受ける。

<課否判断>

　　第14号文書　　200円

<理　　由>

　定期貯金の書替継続申込書そのものは，単なる申込書であるから契約書には該当しない。ただし，この申込書には「貴会の規定により」の文言の記載があり，この申込書を提出することにより自動的に預金契約が成立することとなっていることから，契約書に該当するものとして取扱われる。

　また，この文言の記載がない申込書は，一方的な申込文書と認められるので，課税文書には該当しない。

47 定期性貯金お取引ご明細

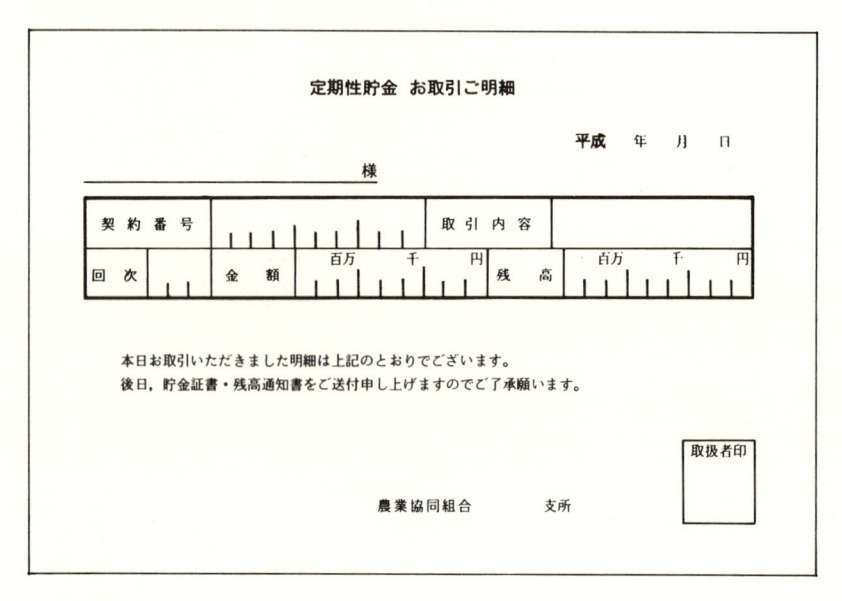

<使用方法>

　農協の渉外担当者が、取引先から定期性貯金として現金を受入れた場合に作成して交付することとしている。

<課否判断>

　第14号文書　　200円

<理　　由>

　渉外担当者が定期貯金として受領した金銭について、貯金証書または貯金通帳を発行する前に作成する貯金の受取書で、単に貯金の種類（定期貯金，普通貯金など）が記載されているだけのものは、第17号文書として取扱われる。

　しかし、この「お取引ご明細」は、金額ばかりでなく取引内容、回次、残高など貯金の具体的内容も記入することになっており、寄託契約の成立を証明する目的で交付したものと認められるので、第14号文書に該当する。

48 自動継続定期貯金・未記帳通知書

<使用方法>

　自動継続の定期貯金において，満期日が到来しても通帳に記帳しないままの状態が5回以上続いている場合に，第6回目の継続に際し，これまでの未記帳内容を打ち出して取引先に交付することとしている。

<課否判断>

　不課税

<理　　由>

　この文書は，通帳式定期貯金の取引先に対し，未記帳になっている取引の内容を記載した文書を送付するもので，過去に行われた未記帳取引の照合をその目的としており，新たな寄託契約の成立を証明するものではないから，第14号文書に該当しない。

　なお，未記帳通知書であっても，現在生きている新定期貯金の内容を打ち出しているものについては，寄託契約の成立を証する文書となり，第14号文書に該当することに留意する。

49 満期のご案内

満期のご案内

　　　　　　　　　　　　様　　　　　　　　　年　月　日

種類	契約番号	満期日	期間	課税区分	回次	約定利率(％)	元　金	利子利	息税

いつも格別のお引立てにあずかり厚くお礼申しあげます。
かねてお預り申しあげております定期性貯金について上記のとおり満期が到来いたしますのでご案内申しあげます。

課税区分説明	1 総合課税	2 分離課税	4 金融機関相互
	5 非課税法人	6 少額貯蓄非課税制度	7 勤労者財産形成貯蓄非課税制度
	8 子供貯金の非課税		

＜使用方法＞

　定期貯金，積立定期貯金，定期積金の満期日が到来するものについて，満期日の前月10日頃までに貯金者に満期日が到来した旨のご案内をしている。

＜課否判断＞

　不課税

＜理　　由＞

　この文書は，翌月に満期日が到来する定期性貯金について，現在契約している定期性貯金の内容を記載して送付しているもので，単なる満期到来の案内文書にすぎず契約書に該当しない。

　なお，満期のご案内と称する文書であっても，書替後の定期貯金の内容（金額，期間，利率）を記載したものは，新たな寄託契約の成立を予約する文書として取扱われ，第14号文書に該当することとなるので留意する。

50 定期積金利息計算書

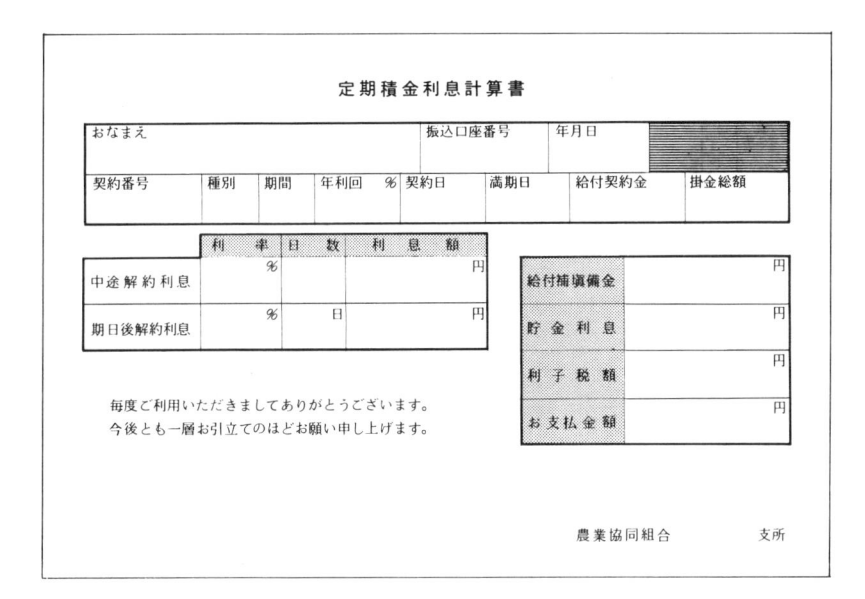

<使用方法>

定期積金について満期日が到来し，顧客から払戻しの請求があった場合に，その掛金総額，中途解約利息，期限後解約利息および支払総額を計算して顧客に通知するものである。

<課否判断>

不課税

<理　　由>

この計算書は，定期積金契約にかかる給付補塡備金額，貯金利息，利子税および支払金額を計算してその計算結果を顧客に通知するもので，単なる計算書にすぎず，課税文書にあたらない。

なお，この計算書に記載されている振込口座番号は，既往の預貯金口座への振込を指示したものであり，新たな金銭の寄託契約の成立を意味するものではない。

51 定期貯金利息計算書(非自動継続用)(その1)

<使用方法>

　2年定期貯金(非自動継続用)の満期日が到来した場合に,親定期,子定期についての利息の計算内容を表示して,貯金者に交付するものであるが,貯金者が書替を希望する場合は,その書替内容を表示して交付している。

<課否判断>

　第14号文書　　200円

<理　　由>

　親定期,子定期についての利息計算書そのものは,単なる利息の計算結果の連絡文書にすぎないので課税文書にはあたらない。

　しかし,書替後の定期貯金について,元金以外に利率,期間,満期日,証書Noなど寄託契約の成立に結びつく具体的内容が1つでも表示されている計算書は,寄託契約の成立に関する文書として取扱われ第14号文書となる。

　なお,定期貯金の元利金を指定貯金口座へ振替えるため,単に振込口座番号を表示しただけのものについては,不課税となる。

事例編①＊貯金関係文書の取扱い

52 定期貯金利息計算書(非自動継続用)(その2)

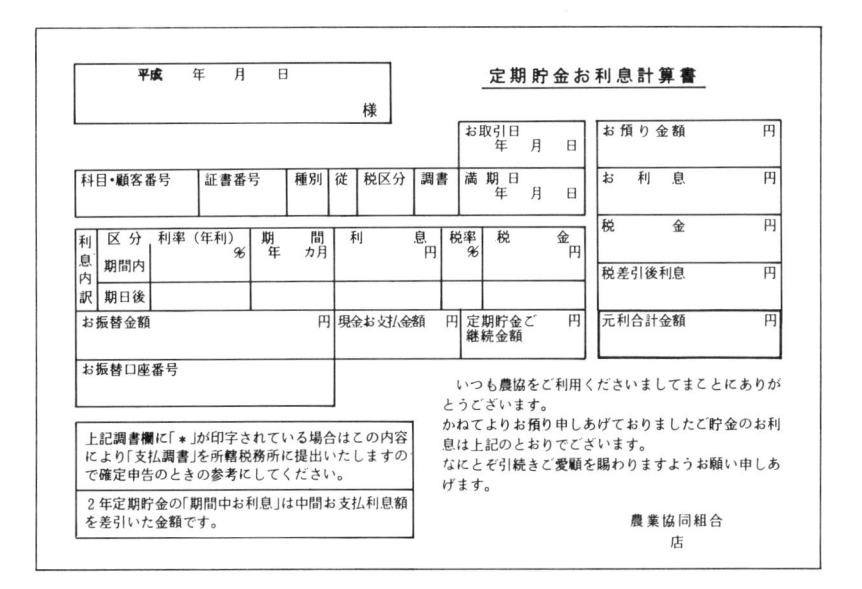

```
                              定期貯金お利息計算書
  平成  年  月  日
              様
                    お取引日            お預り金額      円
                      年 月 日
  科目・顧客番号  証書番号  種別  従税区分  調書  満期日  お  利  息      円
                                    年 月 日
 利 区分 利率(年利)  期  間  利  息  税率  税 金   税  金        円
 息 期間内    ％    年 カ月    円    ％    円
 内                                税差引後利息      円
 訳 期日後
 お振替金額        円 現金お支払金額  円 定期貯金ご    元利合計金額      円
                              継続金額
 お振替口座番号
                        いつも農協をご利用くださいましてまことにありが
                        とうございます。
 上記調書欄に「＊」が印字されている場合はこの内容   かねてよりお預り申しあげておりましたご貯金のお利
 により「支払調書」を所轄税務所に提出いたしますの  息は上記のとおりでございます。
 で確定申告のときの参考にしてください。        なにとぞ引続きご愛顧を賜わりますようお願い申しあ
                        げます。
 ２年定期貯金の「期間中お利息」は中間お支払利息額
 を差引いた金額です。
                               農業協同組合
                                     店
```

＜使用方法＞

　定期貯金（非自動継続用）の満期日が到来した場合に，その利息の計算内容と，元利金の処理方法（口座振替，現金支払，定期継続の各区分ごとの処理金額）を表示して貯金者に交付するものである。

＜課否判断＞

　不課税

＜理　　由＞

　この文書は，利息の計算内容のほか，定期貯金の元利金についての振替金額，現金支払額および継続後の定期貯金の金額などの処理内容が表示されている。

　しかし，継続後の定期貯金については，金額が表示されているだけで，貯金の期間，満期日，利率など定期貯金の内容を特定する事項の記載がないので，寄託契約の成立を証するものとはいえない。

また，振替口座番号の記載も，貯金者が指定した口座番号への振替結果を連絡したものにすぎず，委任事務の処理結果を通知するための文書として取扱われ，いずれも不課税文書となる。

53 定期貯金利息計算書(自動継続用)

<使用方法>

　この文書は，自動継続定期預金について，あらかじめ約定された方法により自動継続処理を行った場合に，顧客に交付するものである。

<課否判断>

　不課税

<理　　由>

　この文書には，新規定期貯金の内容が表示されているが，当初の約定に基づき単に計算処理結果を通知する文書であり，第14号文書（金銭の寄託に関する契約書）には該当しない。

　なお，類似の文書で，非自動継続定期貯金の書替処理を行った後に顧客に交付する計算書で，新規定期貯金の内容（元金のみ記載されている場合を除く）が表示されているものは，第14号文書に該当するので留意する。

54 変動金利定期貯金・利率変更通知書(兼中間払通知書)

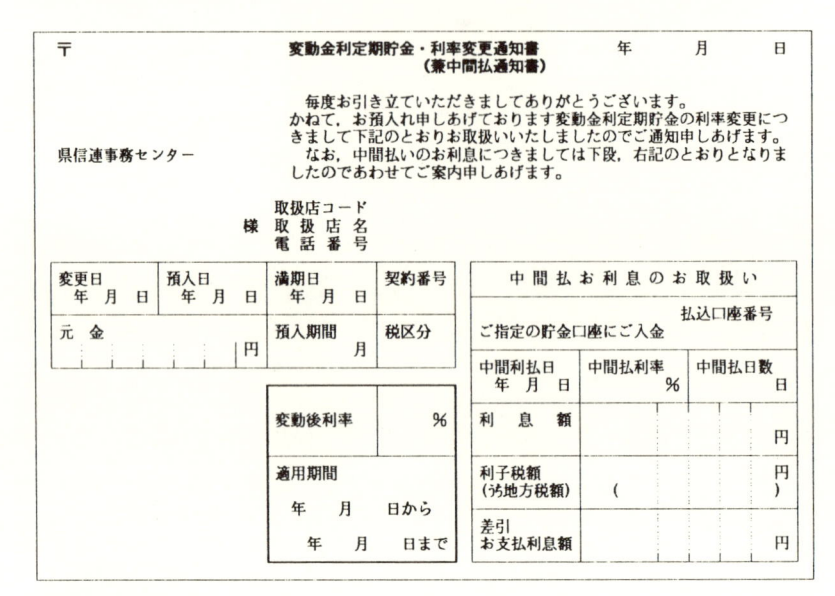

<使用方法>

変動金利定期貯金については，市中金利の変動に合わせ，そのつど農協において預り利率を決定し，その変更内容をこの利率変更通知書により貯金者に通知することとしている。

<課否判断>不課税

<理　由>

通知書と表示された文書であっても，相手方の申込みに対する承諾事実を証明する目的で作成されるものは契約書として取扱われる。

また，預貯金の利率変更は，消費寄託契約にとって重要事項の変更となるが，この文書は，あらかじめ金利の変動を前提とした契約の下で預け入れされた定期貯金について，その契約条件に基づいた変更後の利率および適用期間等を貯金者に通知するための連絡文書であるから契約書に該当せず，課税文書としては取扱われない。

事例編①＊貯金関係文書の取扱い

55 希望貯金振替のご案内

```
                    希望貯金振替のご案内

  〒                毎度お引立てに預りありがとうございます。
                   さて、毎月お掛みいただいております希望貯
   おところ         金につきまして、下記のとおり定期貯金へ振替
                   え致しますのでご連絡申し上げます。
                         年   月   日

   おなまえ      様                        農業協同組合

                        農 協        取引先
                        コード       コード

  〔希望貯金〕              〔定期貯金〕
  | 通帳番号 | 契約日 | 満期日 |    | 証書番号 | 預入日 | 満期日 |
  | 掛金合計 | 給付補塡備金 | 利回り % | | 期間 | 利率 % | 課税区分 |
  | 定期貯金への振替額 | 振替日 |    | 貯金の種類 |
```

＜使用方法＞

定期積金として毎月掛金を積立てたのち、その満期日または一定期間（1年）経過後に、その掛金合計と給付補塡備金の合計額を定期貯金に振替えた場合に、その処理結果を貯金者に連絡するものである。

＜課否判断＞

第14号文書　　200円

＜理　　由＞

この文書は、定期積金を定期貯金に振替え処理した結果を貯金者に通知する文書であるが、新定期貯金の証書番号、預入日、満期日、期間、利率、課税区分、貯金の種類など貯金契約の具体的内容が表示されているので、寄託に関する契約書として取扱われ、第14号文書に該当する。

56 自動継続定期貯金満期のご案内

```
                          自動継続定期貯金満期のご案内

  〒                    毎度お引立てに預りありがとうございます。
  おところ               さて，お預けいただいております自動継続定期貯金
                        が下記のとおり満期となります。
                        つきましては，何卒引続きお預け下さいますようお
                        願い申し上げます。
                        なお，期日までにお申し出のない場合は引き続き自
                        動継続として取りあつかいさせていただきます。

  おなまえ      様         年   月   日
                                       農業協同組合
```

			農協コード	取引先コード
証書番号	期間	お預かり定期貯金 中間利息定期貯金	お預り定期貯金利息 (%) 中間利息定期貯金利息 (%)	
満期日	前回継続日	利息入金口座	利子所得税 (%) 交通安全掛金	
当初お預り日	当初元金		差引お支払利息	
新定期貯金 →	継続回数	元金	期間	満期日	利率 %

<使用方法>

　自動継続定期貯金について満期日が到来した場合に，満期日の約2カ月前に，貯金者に満期日が到来したことおよび継続停止の申出がない場合は，自動的に継続手続をとる旨の連絡をするために送付している。

<課否判断>

　不課税

<理　由>

　この文書は，自動継続定期貯金の満期日前に当該預金の満期日における元金，利息額等のほか，満期日において自動継続した場合の新元金，期間，新利率，期間等が記載されているが，満期日における元金等の記載については，当初の約定に基づき単に処理した計算結果を通知するものである。

　また，満期日において自動継続した場合の新元金等については，当初の約定に基づき自動継続した場合の自動継続後の内容について貯金者に周知

するための単なる案内文書にすぎないから，第14号文書（金銭の寄託に関する契約書）その他の契約書には該当しない。

57 定期貯金継続のお知らせ

<使用方法>

　自動継続定期貯金について，満期日が到来した場合に，書替継続の案内をして継続についての貯金者の意思を確認することとしている。

<課否判断>

　不課税

<理　　由>

　この文書は，自動継続定期貯金の満期前に，当初の約定に基づいて満期日に自動継続した場合の自動継続後の内容について貯金者に周知するための単なる案内文書にすぎないから，第14号文書(金銭の寄託に関する契約書)その他の契約書には該当しない。

58 定期貯金中間利払のお知らせ

<使用方法>

2年定期貯金について、預入れ1年後に利息の中間払いが行われる際に、その中間利息の金額の計算内容とその利息額の処理結果を貯金者に知らせるものである。

<課否判断>

　第14号文書　　200円

<理　　由>

　2年定期貯金について支払われる中間払利息金額の計算内容を表示しただけの「計算書」または「お知らせ」等と称する文書そのものは、単なる計算結果のお知らせにすぎず、課税文書に該当しない。

　しかし、この文書には中間払利息を期間1年の子定期貯金に預入れしたものについて、その子定期貯金の内容が表示されることとなっているため、新たな寄託契約の成立を証する契約書として取扱われ、第14号文書に該当する。

|59| 定期貯金取引報告書(通帳)

取引日	契約日	起算日	取引区分	証書番号	満期日	期間	利率	種類	継続	課税	預り金額	支払い金額	預り残高
前月末残高													
月中累計 当月末残高													

※ 表は「定期貯金取引報告書（通帳）」（　年　月取引明細）の様式。通帳番号・通帳名義・農業協同組合　殿・作成日　年　月　日・東京都信用農業協同組合連合会・ページ等の欄を含む。

＜使用方法＞

定期貯金の取引を行っている農協に対し，毎月初めに前月中の新規・解約等受払を記帳した個々の取引内容を通知するものである。

なお，あらかじめ専用のとじ込用表紙を交付しておき編てつすることとしている。

＜課税判断＞

第14号文書

専用のとじ込用表紙を交付することにより，その全体が（預貯金通帳）（第18号文書）に該当し農協等は非課税。

＜理　　由＞

この取引報告書は，前月中の取引内容を明らかにするために交付するものであり，新規取組金額，解約金額等について個々の取引内容が記載されていることから，「貯金の受払事実を証明する。」ものとして14号文書に該当する。

なお，このような取引報告書にそれぞれページを付し，農協に専用のとじ込用表紙を交付するとともに，継続的に，順次編てつすることをしているので，その全体が貯金通帳（第18号文書）として取扱われ非課税となる。

60 定期貯金取引未記帳照合表

	定期貯金取引未記帳照合表										
通帳番号		通帳名義									
取引日	新　規						解　約					
	新　規		書替新規		計		解　約		書替解約		計	
	件数	金額	件数	金額	件数	金額	件数	金額	件数	金額	件数	金額
前月末残高 11.07.01 11.07.02												
11.07.31 月中累計 当月残高												

＜使用方法＞

　信連は定期貯金の取引を行っている農協に対して，毎月初めに前月中の新規・解約等受払を記帳した個々の取引内容を通知し，貯金の受払事実を証明しているが，ＪＡにおいて月中における当日までの定期貯金の受払金額および残高を確認する必要が生じたときに，農協の端末機から随時照会があったときに打出すこととしている。

＜課否判断＞

　不課税

＜理　　由＞

　この定期貯金取引未記帳照合表は，当月中の定期貯金の受払を記載した取引報告書が作成されるまでの間に，農協が当月中における一定時点の取引金額および残高を照合する必要が生じた場合に，自己の端末機を操作して任意に受信するデータである。

　この表には，当月中における受払件数，金額および残高が記載されているが，定期貯金の預入の事実を証明するための文書ではないことから，課税文書に当たらない。

61 定期積金申込書

```
          定期積金申込書
                                平成  年  月  日
                     貴組合の定期積金規定により，下記の条件の通り
                     毎月定期に払込み致したいので申込むとともに，今
                     回の取引に使用する印鑑をお届けします。
     農業協同組合　御中

         ◎コース    ◎満期契約額  ◎毎月積立額   ◎毎月の集金日    ◎集金方法
         (   カ年)        円          円      日 (  月より)
   印鑑票 住所〒       TEL  (   )       (お届印)         担 当 者

         名称 フリガナ
```

<使用方法>

　定期積金の契約にあたり，契約期間，契約額，毎月の積立額，毎月の集金日等の契約内容および届出印を記載したこの申込書を提出してもらうことにしている。

<課否判断>

　不課税

<理　　由>

　この申込書には，定期積金契約の具体的内容が記入されており，かつ，申込文言として「貴組合の定期積金規定により……」の記載があるので契約書に該当する。

　しかし，定期積金は貯金と異なり「金銭の寄託に関する契約」ではないので，第14号文書に該当せず，課税文書にならない。

事例編①＊貯金関係文書の取扱い

62 定期積金入金票

<使用方法>

　定期積金契約をした顧客から，第1回目の掛金の払込みを受ける時に，この入金票に所要事項を記入してもらうが，この際第2回目以降の払込みを預貯金から自動的に振替えることを希望する者については，毎月の払込日，自動振替扱い指定口座および口座番号の記入をしてもらう。

<課否判断>

　不課税

<理　　由>

　この入金票は，定期積金についての初回の入金伝票であるから，一般的に

は課税文書にあたらない。この入金票では，第2回目以降の掛金の払込みを自己の貯金口座から自動振替扱いとすることを希望する者が，その引落指定口座を指定した場合には，口座振替を農協に依頼したことになり，かつ，2回以上の継続する取引に共通して適用される事項を内容とする依頼であるから契約書として扱われるが，委任契約は不課税事項であるから，結局，この文書は課税文書に該当しない。

63 定期積金仮受取証

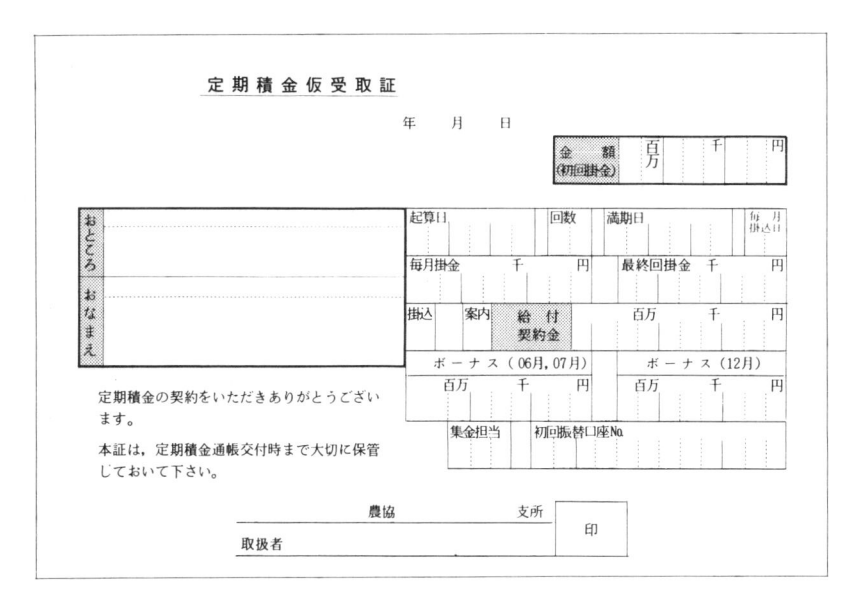

<使用方法>

定期積金を新規に契約した顧客から，初回の掛金を受領した際に，その受領事実を証明するとともに給付契約金，掛金の払込方法など契約の具体的内容を記入して交付するものである。

<課否判断>

不課税

<理　由>

この受取書は，定期積金契約にかかる掛金の受取りの事実を証明するとともに，定期積金契約の成立を証明するための文書である。

定期積金契約は，預貯金とは性格が異なり，金融機関が顧客のために金銭を保管することを約したものではないので，金銭の寄託に関する契約書には該当しない。

なお，積金の受領を証明するために作成する受取書は，昭和42年の印紙税

法の改正の際に，積金証書および積金通帳については課税しないという趣旨で掲名しなかったという経緯があることから，課税文書に該当しないことに取扱われている。

64 定期積金自動解約処理明細票

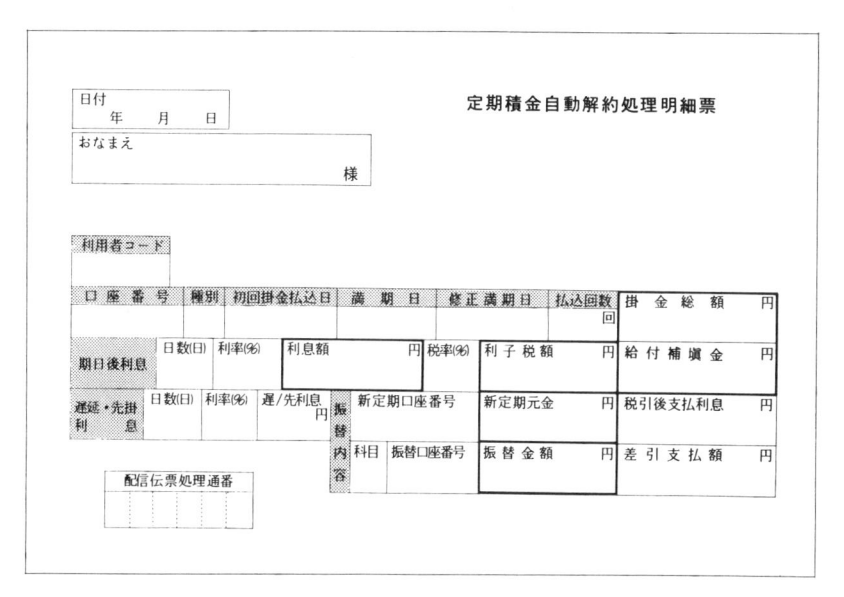

<使用方法>

定期積金について満期日が到来し,顧客から解約の申出があって掛金総額,給付補塡金,満期後利息を支払うときに,その計算結果を顧客に通知するものである。

<課否判断>

第14号文書　　200円

<理　　由>

定期積金について,その契約にかかる掛金総額,給付補塡金および期日後利息などの計算結果を顧客に通知する文書そのものは,課税文書にあたらないが,この明細票には,その支払額の振替内容として,「新定期口座番号」,「新定期元金」および「科目」,「振替口座番号」,「差引支払額」が記入されることになっているため,新たな寄託契約の成立を証する契約書として取扱われ,第14号文書に該当する。

65 定期積金証書

```
                    定 期 積 金 証 書

                              契約期間    カ年（  回）
              殿  No.         満 期 日  平成   年   月   日
                              払 込 日  毎月         日
  満期給付契約金 ￥              毎月払込額  ￥

  当組合所定の定期積金約定に基づき貴殿と上記の通り定期積金契約を締結いたします。つきましては
  約定に従い積金全額をお払い込み下さいました上は，満期日に頭書の金額をお支払い申し上げます。

      平成   年   月   日
                                            農業協同組合    ㊞
```

＜使用方法＞

　定期積金を契約した顧客に対して，定期積金証書を作成し交付している。

＜課否判断＞

　不課税

＜理　　由＞

　定期積金は，一定期間毎月一定の掛金を積立て，満期日に利息を計算することなく，一定のまとまった金額を支払うもので，預貯金とは性格が異なり，農協が顧客のために金銭を保管することを約したものではないから，金銭の寄託に関する契約書には該当しない。

　したがって，定期積金証書は課税文書に該当しないことになる。

66 積立定期貯金解約票

（帳票レイアウト：日付、積立定期貯金解約票、科目（積立定期貯金）、解約日、様、利用者コード、口座番号、種別、契約日、満期日、税区分、㊞申込額、積立回数、積立金額、元加回数、元加済利息計、元金計、利息内訳（期間内利息、期日後利息）、税率(%)、税額、利息合計、差引支払額、定期貯金振替内容（利用者コード、利率(%)、満期日、口座番号、振替金額）、非課税余裕額、処理日、処理通番、振替科目、振替口座番号、振替金額）

＜使用方法＞

　積立定期貯金の満期日が到来し，貯金者から解約の申出があったときに，利息金額および支払金額の合計額を計算して貯金者に知らせるものであるが，同時にその支払金額の振替内容も知らせている。

＜課否判断＞

　第14号文書　　200円

＜理　　由＞

　この解約票には，積立金額と積立期間中の利息額の計算結果を表示すると同時に，その支払額の振替先として，その支払額をもって新たに取り組んだ定期貯金の内容および振替口座番号，振替金額が表示されている。

　このうち，新定期貯金の振替内容については，新定期貯金の利率，満期日，口座番号，振替元金が具体的に表示されているので，貯金契約の成立を証するものであるから，金銭の寄託に関する契約書に該当し，第14号文書となる。

67 積立定期貯金利息計算書

<使用方法>

　積立定期貯金の満期日が到来し，貯金者から解約申出があったときに，利息金額の計算結果および定期貯金などへの振替内容を貯金者へ通知するために作成する。

<課否判断>

　　第14号文書　　200円

<理　　由>

　利息の計算結果を貯金者に知らせるための利息計算書そのものは課税文書にあたらないが，この利息計算書は，積立定期貯金の元金および利息の合計額を定期貯金に振替えた場合に，新たに取組みした定期貯金の利率，満期日および元金などの具体的内容が表示されることになっている。

　したがって，この計算書は，利息の計算結果を貯金者に通知する目的を有すると同時に，貯金契約の成立を証明するものであるから，金銭の寄託に関する契約書となり，第14号文書に該当する。

事例編①＊貯金関係文章の取扱い

68 スウィングサービス依頼書

スウィングサービス依頼書

取扱店用

年　月　日

農業協同組合　御中

〒　　－　　　　TEL（　）　－
おところ
おなまえ

お届け印

貴組合のスウィングサービス規定に基づく取扱いを以下のとおり依頼します。
※該当番号等を○で囲んでください。

契約内容・区分	1　新　規　　　2　変　更　　　9　解　約　　　1　定　時		
振替種類	順スウィング		
	普通貯金から貯蓄貯金へ		
	普通貯金・貯蓄貯金からスーパー定期貯金へ　（元金継続・元利金継続：期間　　か月）		
	普通貯金・貯蓄貯金から期日指定定期貯金へ　（元金継続・元利金継続）		
	普通貯金・貯蓄貯金から変動金利定期貯金へ		
	逆スウィング		
	貯蓄貯金から普通貯金へ		
指定口座番号	スウィング元口座（支払口座）		スウィング先口座（入金口座）
振替区分	1	定　額　型　　　　　　　　　　　　　　　振替開始日　　　振替日（月2回可能）	
		振替金額　　　　（千円）　　　　月　　日から　　　　日　　　　日	
	2	残　高　型　　　　　　　　　　　　　　　振替開始日　　　振替日（月2回可能）	
		口座維持残高　　（千円）　　　　月　　日から　　　　日　　　　日	
振替サイクル	01 1か月　02 2か月　03 3か月　04 4か月　06 6か月　12 12か月		
休日補正区分	1　前営業日　　　2　翌営業日		
増額指定月日 （年6回指定可能） ※定額型を指定された方のみ指定できます。	1	月　　日から　振替日　　　日　振替金額　　　　　（円）	
	2	月　　日から　振替日　　　日　振替金額　　　　　（円）	
	3	月　　日から　振替日　　　日　振替金額　　　　　（円）	
	4	月　　日から　振替日　　　日　振替金額　　　　　（円）	
	5	月　　日から　振替日　　　日　振替金額　　　　　（円）	
	6	月　　日から　振替日　　　日　振替金額　　　　　（円）	

※　本依頼書は、1契約につき1セットを提出してください。
※　振替日を月末日とする場合は、振替日欄に31日とご記入ください。
※　普通貯金と貯蓄貯金間の振替金額・口座維持残高は1千円以上千円単位とします。
※　普通貯金・貯蓄貯金と定期貯金間の振替金額は10万円以上90万円以下で千円単位、口座維持残高は10万円以上で千円単位とします。
※　「振替種類」、「スウィング先口座」、「振替区分」を変更する場合は、解約・新規のお取扱いとなります。

＜使用方法＞

　貯金者が指定した金額を、振替指定日に普通貯金口座等から貯蓄貯金口座等に振り替えて入金することを依頼するときに提出する。

＜課否判断＞

　　第14号文書　　200円　　（解約の場合は不課税）

＜理　　由＞

　このスウィングサービス依頼者は、依頼書形式となっているが、スウィングサービス規定に基づく旨の記載があり、この依頼書を提出することにより自動的に契約が成立することとなっていることから、印紙税法上の契約書に該当する。

　また、普通貯金等から貯蓄貯金等へ自動的に口座振替により預け入れることを内容とするものであるから、新たな貯金契約を定めるものであり、第14号文書（金銭の寄託に関する契約書）に該当する。

　なお、解約の場合は、契約を消滅させるものであるから契約書に該当せず、課税文書とはならない。

事例編②

為替関係文書の取扱い

1 貯金入金通知書

<使用方法>

　貯金者が自己の貯金口座へ金銭，手形，小切手等を入金した場合に，その入金した処理結果を通知するために作成する。

<課否判断>

　第14号文書　　200円

<理　　由>

　この文書は，貯金者が自己の貯金口座へ金銭または有価証券を入金した場合に，信農連がその受領事実を証明する目的で作成したものであり，口座番号，起算日などが記載されていて，貯金としての預りの事実が明白であるから寄託に関する契約書となり，第14号文書に該当する。

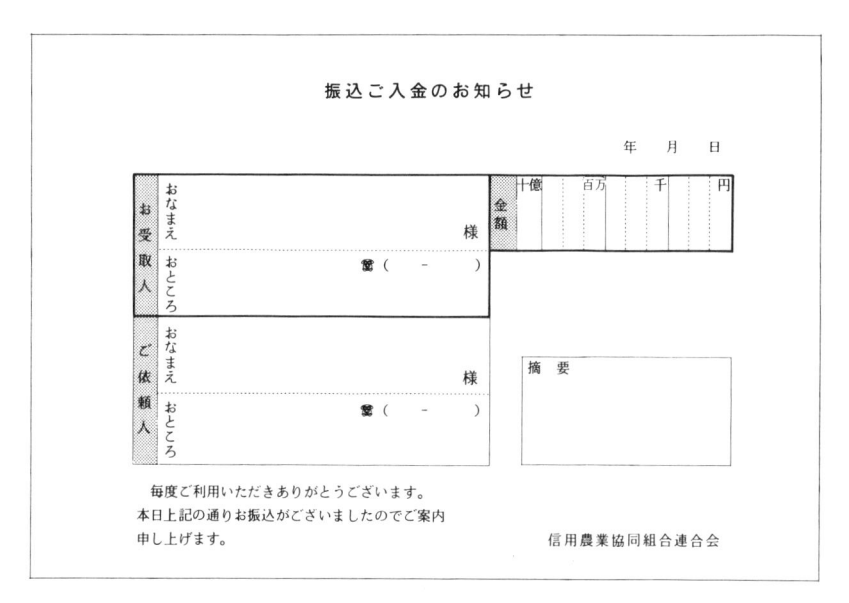

2 振込ご入金のお知らせ

<使用方法>
　取引先の貯金口座へ第三者から入金があった際に，その取引先に対して，入金のあった事実を通知するものである。

<課否判断>
　不課税

<理　　由>
　受取人（被振込人）に対し，第三者から入金のあった事実を通知するための文書であるから課税文書に該当しない。

3　代金取立手形預り証

<使用方法>

　農協が取引先から代金取立のために手形等を受取った際に，その受取り事実を証明するため交付するものである。

<課否判断>

　第17号の2文書　200円　　農協等が出資者に対し交付するものは非課税

<理　　由>

　この文書は，約束手形等の代金取立の委任を受けた農協が，その約束手形等の取立委任の事実を証するものであるとともに，その約束手形等の受領の事実を証明するための文書でもある。

　取立委任に関する事項は，課税事項にならないが，約束手形等の受取りの事実を証明する文書は，第17号の2文書（金銭又は有価証券の受取書）に該当する。

4 振込入金受取書

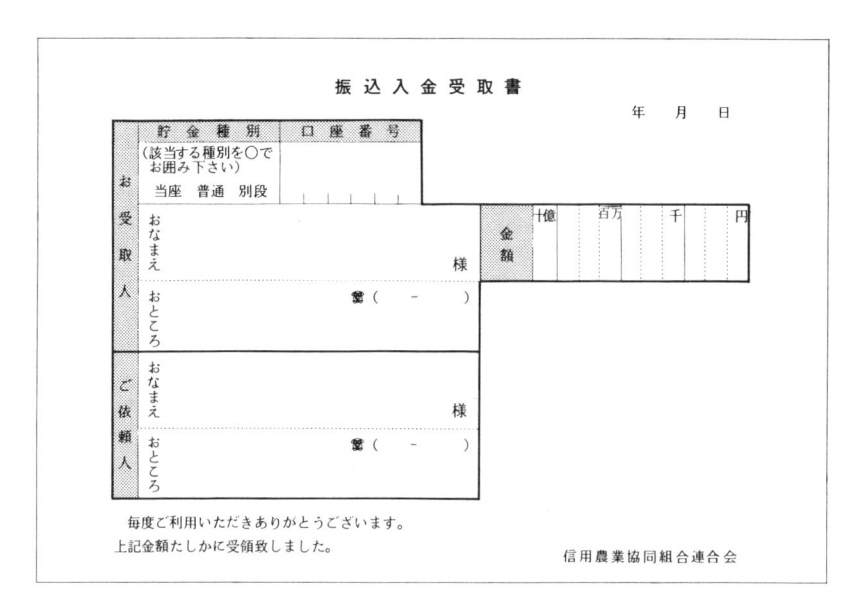

```
            振 込 入 金 受 取 書
                                        年  月  日

     貯金種別  口座番号
    （該当する種別を○で
    お囲み下さい）                    金  十億  百万  千  円
 お   当座 普通 別段                額
 受  おなまえ
 取                      様
 人  おところ      ☎（  －  ）

 ご  おなまえ           様
 依
 頼  おところ      ☎（  －  ）
 人

 毎度ご利用いただきありがとうございます。
 上記金額たしかに受領致しました。
                              信用農業協同組合連合会
```

＜使用方法＞

　農協等に貯金口座を有する貯金者の口座へ第三者から入金があった場合に，その振込人（第三者）に対し，その金銭の受取り事実を証明するために交付する。

＜課否判断＞

　第17号の2文書　　200円

　振込人が出資者の場合は非課税

＜理　　由＞

　この文書は，貯金口座に第三者から振込依頼があった場合に，その振込人（第三者）に対し振込金を受領した事実を証明するために作成するものであるから，第17号の2文書（売上代金以外の金銭の受取書）に該当する。

5 為替振込通帳

```
（表紙見返し欄）

        振込ご利用明細帳 （自動振込機用）


  おなまえ


  ご連絡先                    変更後
  電話番号                    電話番号


        （省略）
```

（明細欄）

	為替振込通帳		
お取扱日	お振込先・金融機関名・支店名・お受取人	お振込金額 お振込手数料	お取扱店番

＜使用方法＞

　顧客がＡＴＭを利用して現金またはキャッシュカードによる当座性貯金からの振替によって振込みを行う場合にこの振込ご利用明細帳を利用し，その振込内容を為替振込通帳に打出すこととしている。

＜課否判断＞

　19号文書　1冊　400円

<理　　由>

　この文書は，顧客がＡＴＭを利用して為替振込をした場合にその振込先銀行名，受取人，振込金額などの振込内容と為替代り金および為替手数料の受取事実を連続的に付け込み証明するための文書であるから金銭の受取通帳（第19号文書）に該当する。

6 振込受付書

<使用方法>

　農協に貯金口座を有する貯金者から，貯金口座振替依頼書または普通貯金払戻請求書によって普通貯金口座から振替の方法により他の金融機関に振込依頼があった場合に作成される。

<課否判断>

　第17号の1文書　　農協等が出資者に対し交付するもの，および手数料の記載金額が5万円未満のものは非課税

<理　　由>

　この文書は，口座振込という委任事務の受付事実を証明する文書（印紙税は不課税）であると同時に振込手数料の受領事実を証明する文書でもあるから，印紙税法上は第17号の1文書（売上代金に係る受取書）に該当する。

　この売上代金に係る受取書は，農協等がその出資者である組合員に対し交付するものは記載金額に関係なくすべて非課税となり，また出資者以外

に交付するものであっても，手数料の受取金額が5万円未満であれば非課税文書となる。

　金融機関が取扱う為替業務の法的性格は，口座振込という委任事務であり，金融機関がその振込依頼人に交付する振込金受取書は，口座振込という委任事務の受付事実と振込金を受領した事実を併せて証明するために作成される文書であるから，第17号の2文書として取扱われ，記載金額に関係なく一通200円の課税が行われる。

　しかし，あらかじめ金融機関との間で結んだ振込金を貯金口座から引落す旨の貯金口座振替契約に基づいて振込みをする場合，また金融機関の窓口において貯金者から貯金払戻請求書の提出を受けて振替金を口座から払い戻しのうえ振込みをする場合は，為替振込金の受領の事実ではなく，その振込依頼の受付事実を証明する目的で作成する文書（不課税）となる。
　しかし，同時に振込事務に係る振込手数料を受取っているので，その手数料の受取事実を証明する文書ともなり，結局，この文書は，売上代金に係る金銭の受取書（第17号の1文書）として取扱われることになる。

7 振込金受取書

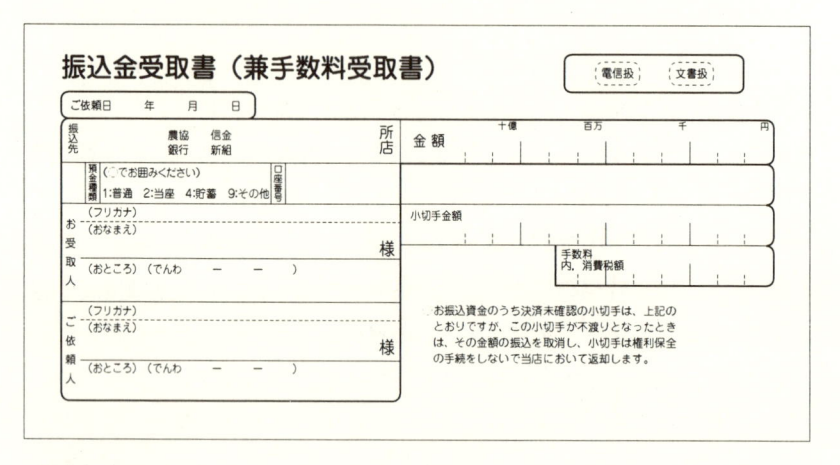

<使用方法>

　顧客から金銭，小切手等を持参して振込依頼があった場合に作成される。

<課否判断>

　第17号の1文書　200円（出資者に交付するもの及び記載金額が5万円未満のものは非課税）

　この場合5万円未満の判定は振込金と手数料の合計額で行い，記載金額は手数料の金額（100万円以下）となる。

<理　　由>

　この文書は振込金（売上代金以外）と手数料（売上代金）の受領事実を証明するものであり，受取金額の中に売上代金が含まれているから第17号の1文書に該当する。

　なお，受取金額が5万円未満（非課税）か否かの判定は，振込金額と手数料の合計額で行い，また税額の判定基準となる記載金額は手数料の金額（100万円以下）で行うので，この文書の税額は200円となる。

8 振込金受取書・振込受付書

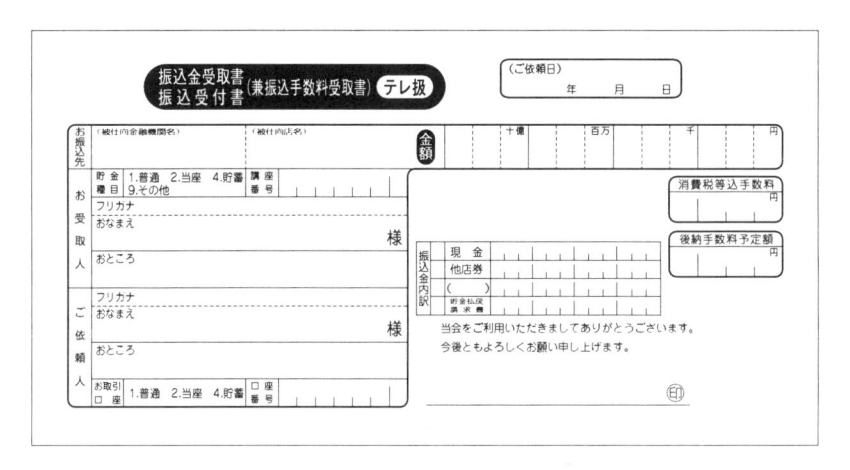

[振込金受取書兼振込手数料受取書・振込受付書 テレ扱 の様式図]

<使用方法>

　顧客から振込依頼を受けた場合に，為替代り金が金銭，小切手等のときは振込金受取書とし，貯金払戻請求書等によるときは，振込受付書として使用している。

<課否判断>

　　・振込金受取書　　第17号の1文書　　200円（出資者に交付するもの及び記載金額が5万円未満のものは非課税）
　　　　　　　　　　　　　　　　　　　　この場合5万円未満の判定は振込金と手数料の合計額で行い，記載金額は手数料の金額（100万円以下）となる。

　　・振込受付書　　　第17号の1文書　　出資者に交付するもの及び手数料記載金額が5万円未満のものは非課税

<理　　由>

　この文書は，振込金受取書と振込受付書を兼ねたものであるが，この用紙で取扱う場合は次の処理が必要である。

　　① 　為替代り金として金銭，小切手等を持参したときは「振込受付書」の

文言を抹消するとともに「振込金内訳欄」にその金額を明記し、かつ、現金出納印を押捺するなど金銭の受取事実を文書上に明確にする。
② 　貯金払戻請求書によるときは「振込金受取書」の文言を抹消するとともに内訳欄にその旨を記入し、かつ振替処理印を押捺するなど金銭の受取りでないことを明確にする。
（注）いずれかに○を付したりせずに、完全に不要文字を抹消する必要があるので注意する。
　上述の事務処理を正確に行っていないと、税務当局によって、この文書によるすべての処理が振込金受取書によるものとして取扱われ、課税文書として判定されるおそれがあるので、この様式は使用しないことが望ましい。

9 貯金口座振替依頼書

貯金口座振替依頼書

平成　年　月　日

農業協同組合　御中

　　　　　住　所

　　　　　氏　名　　　　　　　　　㊞

　私はつぎにより口座振替によって支払うこととしたので，下記事項を確認のうえ依頼します。
 1. 対象種目
    取引の都度またはそれぞれの納付時期並びに期限到来により決済するつぎのもの
 (1) 私が貴組合より購入した生産資材および生活物資などの代金
 (2) 私が貴組合の施設などを利用したことによる受益料金
 (3) 私が貴組合に対して払込む共済掛金，出資金，賦課金，負担金および積立金
 (4) 私が貴組合に返済する負債償還金
 (5) 私が貴組合に収納事務委託契約を締結した委託先に対して払込む公共料金，租税公課，負債償還金，諸掛金および諸負担金
 2. 指定口座

指定口座	農協店舗名	貯金種目	口　座　番　号
なお，納税や出資のために振替するときは上記口座にかかわらず右記のとおり	納税準備貯金		
	出資予約貯金		

 3. 振替開始日　平成　年　月　日

記

 1. 貴組合から請求のあった上記の(1)～(4)のものおよび貴組合に請求書が送付される，上記1の(5)のものについては，私に通知することなく請求書等に記載された金額を請求書等に記載された日をもって貯金口座から引落しのうえ決済してくだ

さい。
2. 貯金の引落しにあたっては，当座勘定規定，貯金規定または営農貯金取引約定などにかかわらず，小切手の振出または貯金払戻請求書の提出はいたしません。
3. 貯金口座の残高が振替日において請求書の金額に満たないときは，私に通知することなく未決済とされ請求書を返却されてもかまいません。
4. 貴組合の都合により，振替日の前営業日または前々営業日に貯金口座から引落しされてもさしつかえありません。
5. この契約は，貴組合が必要と認めた場合には，私に通知することなく解除されても異議はありません。
6. この貯金口座振替についてかりに紛議が生じても，貴組合の責によるものを除き，貴組合にはご迷惑をかけません。

農協使用欄	受付年月日 ・ ・	照合印	係印	検印	備考

＜使用方法＞

農協の貯金者が，農協の購買未払金，共済掛金，借入金の返済金および各種の公共料金等についての払込みまたは支払いを口座振替の方法により行うことを，貯金契約先の農協に依頼する文書である。

＜課否判断＞

不課税

＜理　由＞

この文書の内容は，購売代金の支払い，借入債務の支払いまたは各種公共料金の支払方法を委託するとともに，貯金の払戻方法についての特約を定めたものである。

預金契約を締結している金融機関に対し，当該金融機関に対する借入金，利息金額，手数料その他の債務または積立式の定期貯金もしくは積金を預金口座から引き落して支払いまたは振替えることを依頼する場合に作成する預金口座振替依頼書は，第14号文書（寄託に関する契約書）に該当しないものとして取扱われているので，この文書は不課税となる。

事例編②＊為替関係文書の取扱い

10 自動決済および決済勘定借越契約書

平成　年　月　日

自動決済および決済勘定借越契約書

私は裏面記載の自動決済および決済勘定借越約定書を承認の上契約を締結する。

〒　　　TEL　（　　）

フリガナ
住　所

契約者（甲）

フリガナ
個　人　名

生年月日　明 / 大 / 昭　年　月　日（　才）

決済内容	代金決済日	①毎週　　曜日とする。	決済口座No.	
		②	決済貯金利率	年　　％
借越内容	借越極度額	金　　　　　　　円	資　金　使　途	
	借越年月日	年　月　日	借越極度額利率	年　　％
	最終期限	年　月　末日		

上記約定の証として本書4通を作成し、甲，乙，丙，丁署名押印のうえ各自1通を保有する。

経済連（乙）　　　　　　　　　　農協（丙）

住　所　　　　　　　　　　　　　住　所

氏　名　　　　　　　㊞　　　　　氏　名　　　　　　　㊞

連帯保証人（丁）　　　　　　　　連帯保証人（丁）

225

住 所　　　　　　　　　　住 所

氏 名　　　　　　　㊞　　氏 名　　　　　　　㊞

　甲と　　　経済農業協同組合連合会（以下乙という）および　　　信用農業協同組合（以下丙という）は，甲と乙との取引代金（甲が代表権を有する法人丁との取引を含む。以下同じ）を甲が丙に有する指定口座から自動決済することおよび甲と丙との決済勘定借越取引について丙の決済貯金規定を承認のうえ，以下のとおり約定する。

Ⅰ 自 動 決 済

第1条（指定口座の名称）
　　自動決済に利用する口座は，「決済貯金」とする。
第2条（決済貯金の内容）
　　決済貯金は，取引代金と借越金および借越金利息の決済に限定してこれを利用する。
第3条（決済貯金払出に関する帳票類）
　　決済貯金は，乙が発行する「自動決済依頼書」および丙所定の帳票により自動的に払い出しを行う。
第4条（取引代金決済の方法）
　1．乙は甲に対し決済金額および支払期日を記載した「代金請求書」を送付し，同時に丙に対し「自動決済依頼書」を送付する。
　2．丙は乙から送付を受けた「自動決済依頼書」に基づいて決済金額を決済貯金から引き落し，これを乙の指定口座に振り込む。
　3．代金決済日は表記のとおりとする。ただし丙の休業日にあたる場合は翌営業日とする。
　4．丙は甲の決済貯金残高と借越極度額とを合計してもなお決済金額に満たない場合は，乙の依頼によりこれが決済金額に達した日に引き落しを行う。
　5．丙は決済金額を引き落した日に甲および乙に対し決済貯金残高または，借越額を付記した「決済通知書」をそれぞれ送付する。
（第5条～第7条省略）

Ⅱ 決 済 勘 定 借 越

第8条（借　越）
　1．決済勘定の借越は，決済貯金に不足があるときに自動的に発生するものとする。
　2．甲は乙の発行する「自動決済依頼書」に基づいて丙が行う貸越処理についていかなる事由によるも丙に対し異議の申し立てをしない。
　3．丙が借越極度額を超えて甲に対し貸越をした場合にも，この約定を適用する。

> 第9条（借越極度額）
>   借越極度額は表記のとおりとする。
> （第10条～18条省略）

<使用方法>

　組合員が農協経由で経済連から購入した農機具，農薬等の商品に係る代金決済を，経済連が発行する自動決済依頼書に基づいて，組合員が農協に有する貯金口座から自動決済することの経済連，農協，組合員三者による約定書である。

<課否判断>

　　第7号文書　　4,000円

<理　　由>

　この文書は，農協の組合員が経済連との取引代金を，組合員が農協に有する貯金口座から自動決済することおよび組合員と農協との決済勘定についての借越に関する契約である。

　組合員と経済連との取引代金の自動決済に関する契約書は，物品の売買代金の支払方法を定めるものであるが，組合員は経済連の出資者ではないので「営業者間における売買に関する2以上の取引を継続して行うために作成される契約書で，当該2以上の取引に共通して適用される取引条件のうち対価の支払方法を定めたもの」であるから第7号文書に該当する。

　また，組合員と農協の間の決済勘定の借越契約は消費貸借契約（第1号文書）にも該当する。したがって，この文書は通則3のイにより第7号文書（継続的取引の基本となる契約書）に該当する。

　なお，この文書の作成者は，当該所属することとなった号の課税事項の当事者，すなわち，経済連（乙）と農協の組合員（甲）である。

11 国税の口座振替納付に関する契約書

国税の口座振替納付に関する契約書

　信用農業協同組合連合会（以下「甲」という）は，農業協同組合（以下「乙」という）と，国税の預貯金口座振替納付（以下「口座振替」という）の取扱いについて下記条項により契約を締結する。

記

第1条　乙は，国税の納税者および国税庁（以下「丙」という）ならびに甲および農林中央金庫（以下「丁」という）の求めによりこの契約の定める条項に従い，国税の口座振替の取扱いを行ない，甲は乙に対して手数料を支払うものとする。

第2条　手数料の金額は，国税の口座振替済（昭和47年6月30日までに納期限の到来した国税を除く）1件につき10円とする。

第3条　乙は，国税の口座振替の取扱いについてあらかじめ承諾を与えた納税者にかかる納付書等を税務署長から送付を受け，所定の期日までにその者の指定預貯金口座から所要の金額を払い出して，納付の手続きを行なう。

2　前項の場合において，乙は預貯金口座の資金不足その他の理由により，所定の期日に口座振替不能となった者にかかる納付書に，その枚数，金額および理由を記載した伝票を添付して，遅滞なく当該税務署長へ返送するものとする。

3　乙は第1項の納付後遅滞なく領収証書を当該納税者に送付するものとする。

4　乙は，正当な事由がある場合を除くほか，国税の口座振替の方法を利用しようとする納税者の依頼を拒まないものとする。

第4条　この契約により，甲が乙に支払うべき手数料は，甲と乙との口座振替に関する契約の有効期間内に口座振替済であることを，丙または，その指定する者が確認を了した件数により算定する。

2　前項の確認は，税務署長が乙に送付した納付書等にかかる領収済通知書，またはこれに代わるものとして丙の指定する書類によって丙が行なう。

第5条　手数料の支払請求は，納付の日に応じて第1期（その年4月1日から同年7月31日までの期間をいう），第2期（その年8月1日から同年11月30日までの期間をいう）および第3期（その年12月1日からその年の翌年3月31日までの期間をいう）の区分ごとにとりまとめて当該期間に属する最終月の翌月10日までに行なうものとする。

2　前項の支払請求に当たっては，取扱件数の根基を示すものとして丙の指定する書類を提出するものとする。

```
(第6条〜13条省略)
    平成    年    月    日
                    (甲)

                    (乙)
```

<使用方法>
　国税の振替納税を希望する農協の取引先がある場合は，その取引先が有する農協の貯金口座から口座振替の方法により行うことについての事務処理と，これに伴う取扱手数料の支払方法等について，農協と信連との間で契約したものである。

<課否判断>
　第7号文書　　4,000円

<理　　由>
　この文書は，農協が国税庁，信連および農林中央金庫からの委託をうけて国税の口座振替を行うことの契約書であり，金融機関の業務（口座振替事務）を継続して委託するためのもので委託される業務または事務の範囲および対価の支払方法を定めたものであるから，第7号文書にも該当する。

12 日本電信電話株式会社収入金収納事務取扱いに関する事務委託契約書

日本電信電話株式会社収入金収納事務
取扱いに関する事務委託変更契約書

　信用農業協同組合連合会（以下「甲」という）と　　　　農業協同組合（以下「乙」という）は平成　年　月　日付「日本電信電話株式会社収入金収納事務取扱いに関する事務委託契約書（以下「原契約」という）にもとづく日本電信電話株式会社収入金（以下「収入金」という）収納事務の磁気テープ交換方式への移行に伴い，原契約の一部を次のとおり変更する。

第1条　乙が収納した収入金の甲に対する資金決済は，甲における乙の当座勘定で振替決済するものとする。

　この場合，当座勘定規定で定める小切手の呈示等所定の払戻手続は省略するものとする。

第2条　原契約にもとづく乙の収納事務のうち，次に掲げる事項については，「農業協同組合等における日本電信電話株式会社収入金委託収納事務処理要領」（以下「事務処理要領」という）にかかわらず甲において，その作成を代行し，日本電信電話株式会社（以下「会社」という）に対し必要な手続を行うものとする。

1. 電話料金の振替結果に関する会社への報告に関する事項
2. 郵便料金実費の請求に関する事項

第3条　本契約で変更されない原契約ならびに事務処理要領の各規定は，乙の会社収入金収納事務取扱いに関し依然，効力を有することを当事者は確認する。

　以上契約成立の証として，本書2通を作成し甲乙記名押印のうえ，各自1通を保有する。

　　平成　年　月　日

　　　　　　　　　甲　　　　　　　信用農業協同組合連合会

　　　　　　　　　乙　　　　　　　農業協同組合

＜使用方法＞
　農協が電話の利用者から徴収した日本電信電話株式会社（以下「会社」という）の収入金は信連へ振込みし，信連から一括して会社に納付することとしているが，この契約は従来の振込方式を改め，農協が信連に有している貯金口座から信連が自動的に振替決済することができることとしたものである。

＜課否判断＞
　不課税

＜理　　由＞
　この文書は，農協が電話の利用者から徴収した収入金を，信連経由により会社に納付する場合に，従来の振込方式から信連の当座勘定での自動振替方式に変更するための契約である。
　信連と農協との間の収入金に係る収納事務委託契約は，金融機関の業務の委託になり第7号文書に該当することとなるが，この変更契約における収入金の決済方法の変更は，政令第26条第2項に規定する「対価の支払方法を定めるもの」に該当しないところから，基通別表第2に掲げる重要事項の変更にならず，第7号文書には該当しない。
　したがって，この文書は，委任内容の一部を変更する契約書として取扱われ，課税文書に該当しない。
　なお，信連から農協への事務委託について，その取扱手数料に係る支払方法を取り決めたものは，令第26条2号の「対価の支払方法を定めるもの」に該当し第7号文書となるが，単に手数料の金額だけ（たとえば振込手数料1件につき5円とあるのを7円に変更する）を取り決めたものは，委任に関する契約書となり不課税文書になる。

13 SEサービス注文書

　　　　　　　ＳＥサービス注文書　　　　　No._____

　　　　　　　　　　　　　　　　　　平成　　年　　月　　日

　　株式会社　　　御中

　　　　　　　　　住所
　　　　　　　　　株式会社　　県農協情報センター
　　　　　　　　　氏名　　　　　　　　　　　　　　㊞

平成〇年〇月〇日付貴「ＳＥサービス御見積書」（No._____）にもとづき，ＳＥサービスを次のとおり注文いたします。

1	SEサービスの件名	
2	SEサービスの内容	別表1記載のとおりとします。
3	SEサービスの期間	平成　年　月　日から平成　年　月　日まで
4	SEサービスの料金	￥_____（明細は別表に記載のとおりとします）
5	支払条件	次のとおり現金にて支払います。 (1) SEサービス開始月の末日から30日以内 　　　　　　　　　　　　　　￥_____ (2) SEサービス開始月の翌月から完了月の前月までの毎月末日から30日以内　￥_____ (3) SEサービス完了月の末日から30日以内 　　　　　　　　　　　　　　￥_____
6	その他の条件	(1) 平成　年　月　日貴弊間にて締結の「SEサービス契約」第_____号にもとづくものとします。 (2) その他

<使用方法>
　県の電算センターが，電算システムの新規開発，保守管理等を行うにあたり，電算機メーカーからＳＥ要員の派遣を受けるため，毎年度当初にメーカーからＳＥサービスに要する年間経費の見積書の提出を受け，この見積書に基づいて注文書を発行しサービスの提供を受けている。
<課否判断>
　第２号文書　記載金額（サービス料金の額）に応ずる階級税率
<理　　由>
　単なる注文書は，契約書に該当しないが，注文書，申込書，依頼書（以下「注文書等」という）であっても，相手方からあらかじめ見積書等を取り寄せている場合に，その見積書その他契約の相手方当事者の作成した文書に基づく申込みであることが記載されているものは契約書として取扱われる。
　この注文書には，相手方が提示した「ＳＥサービス御見積書」に基づき注文することが明記されているので請負に関する契約書（第２号文書）に該当する。
　なお，この注文書に記載された請負の内容について，電算機メーカーと電算センターとの間で別に請負契約書を作成している場合には，この注文書に，「なお，この注文書の内容に関しては，別に請負契約書を作成するものとする」旨の記載をすれば，この注文書は契約書として取り扱われない。

14　電算処理業務委託契約書

電算処理業務委託契約書

1　業　務　名　　農業近代化資金等電算処理業務
2　委　託　料　　年額　　　　　　　　円
　　　　　　　　　うち取引に係る消費税額　　　　円
3　委 託 期 間　　平成　年　月　日から平成　年　月　日まで
4　契約保証金　　免　　　除

　　　県（以下「甲」という。）と　　県信用農業協同組合連合会（以下「乙」という。）とは、上記業務の委託について、次のとおり契約を締結する。
　（総　則）
第1条　甲は、別紙委託内容明細書に掲げる業務（以下「委託業務」という。）の実施を上記の委託料及び委託期間をもって乙に委託し、乙はこれを受託した。
　2　乙は、委託業務の実施に当たっては、別紙委託業務仕様書に従い、これを誠実に実施しなければならない。
（中　略）
　（業務完了報告及び完了確認）
第6条　乙は、委託業務を完了したときは、農業近代化資金等電算処理業務完了報告（様式第1号）に成果報告帳票を添えて甲に提出し、その確認を受けなければならない。
　2　甲は、前項の規定による書類を受理したときは、当該書類を審査し、委託業務の実施状況がこの契約に適合しないと認めるときは、これに適合させるための措置を取るべきことを乙に指示するものとする。
　3　乙は、前項の規定による指示に従って措置した場合は、その結果を乙に報告するものとする。
　（委託料の請求等）
第7条　乙は、委託業務の完了確認を受けた後、農業近代化資金等電算処理業務委託料請求書（様式第2号）を甲に提出するものとする。
　2　甲は、前項に規定する請求書を受理したときは、その日から起算して30日以内に委託料を支払うものとする。
（以下省略）

＜使用方法＞
　信連が県から農業近代化資金の業務委託を受け，これを電算機処理をするにあたり締結する文書である。
＜課否判断＞
　　第2号文書　　記載金額に応ずる階級税率
＜理　　由＞
　この文書は，信連が県の農業近代化資金の業務を受託するための文書であり，受託業務の内容，委託期間，対価の支払方法を定めているから第2号文書（請負契約に関する文書）として取扱われる。
　この文書の内容は，第2号文書と第7号文書に該当するが請負金額が記載されているので通則3の1により第2号文書として課税される。
　なお，契約相手方の県は，非課税法人であるから，信連が保管する契約書は県が作成者となり非課税の取扱いとなることに留意する。

15 業務提携に関する同意書

オンライン処理による業務提携に関する同意書

平成　年　月　日

県信用農業協同組合連合会　御中

農業協同組合
組合長理事　　　　㊞

　当組合は，株式会社○○銀行および株式会社○○銀行（以下「提携金融機関」という。）との現金自動支払機（現金自動預入支払機を含む。以下「CD機」という。）の相互利用を行うにあたり，下記事項に同意します。

記

1. 貴会が当組合を代理して，CD機の相互利用に関する業務提携契約を締結する。
2. 前項のCD機の相互利用については，各業務提携契約条項および同事務取扱要領ならびに貴会が定める事務手続による。
3. 当組合と提携金融機関との間の貸借の決済は，貴会が当組合にかわって決済（以下「代行決済」という。）する。
4. 前項の代行決済については，普通貯金相互受払契約書第3条および県内普通貯金相互受払取扱準則を準用する。

以　上

＜使用方法＞

　農協が地元銀行とCDオンライン業務提携をするに当たって，県信連が農協の委任を受けた形で農協を代表して地元銀行と業務提携契約を締結しているが，この業務提携について県内各農協から同意書が提出されている。

＜課否判断＞

　第7号文書　　4,000円

<理　　由>
　この同意書は，信連が農協に代理してＣＤ機の相互利用に関する業務提携契約を各銀行と締結することについて農協が同意するとともに，各業務提携契約の条項および同事務取扱要領ならびに信連が定めた事務手続に従って，現金自動支払機の相互利用を行なうことを同意したものであり契約書に該当する。
　契約内容は，現金自動支払機の相互利用という金融機関の本来の預金業務の委託を定めたものであり，政令26条2号に規定する「金融機関の業務を継続して委託するために作成された契約書で，委託される業務または事務の範囲または対価の支払方法を定めるもの」にあてはまり，第7号文書に該当する。

|16| 磁気テープ交換によるセンター自動振替に関する基本契約書

磁気テープ交換によるセンター
自動振替に関する基本契約書

平成　年　月　日

　　　　　　甲　　　農業協同組合

　　　　　　乙　　　県信用農業協同組合連合会

　　農業協同組合（以下「甲」という。）と　　県信用農業協同組合組合連合会（以下「乙」という。）とは，甲の組合員等（以下単に（組合員）という。）が，自己の貯金口座を指定して，甲に依頼した振込みおよび引落しの事務を，乙が甲に代って磁気テープ交換によるセンター自動振替（以下「MT」という。）を行なうにあたって，次のとおり契約する。

　　この契約成立の証として契約書2通を作成し，甲・乙各1通を保有する。

（対象店舗および種類）

第1条　MT自振の対象となる甲の店舗ならびに振込みおよび引落しの種類は，甲が乙に申し出，乙が承認したものとする。

（MT自振の対象）

第2条　乙が甲に代って行なうMT自振の対象は，次のとおりとする。

　①　甲が乙の特定する仕様によって作成した磁気テープを，MT自振をする日（以下「指定日」という。）までに余裕をもって甲または甲の代理人が乙に持込むことが可能な磁気テープによるMT自振。

　②　乙が甲に委託した振込みまたは引落し事務で，乙自らが受領できる磁気テープによるMT自振。

（指定日）

第3条　指定日は，別に定める覚書による。

（磁気テープ等の送受）

第4条　甲・乙間で磁気テープを交換する場合は，次によるものとする。

① 甲・乙の送受の部署
　　甲　本所
　　乙　乙の　　　　支所または資金部
② 磁気テープ等の送受は，代理人をもって行なうことができるものとし，代理人は覚書に明記する。
（事務手続）
第5条　甲および乙が行なう事務は，この契約書および別に定める覚書によるもののほか，乙が別に定める「農協信用事業オンラインシステムシリーズNo.6オフライン処理手続」によるものとする。

＜使用方法＞

　農協が組合員から口座振替により決済の処理の依頼を受けた各種公共料金等の引落し処理を，農協と県信連との間では磁気テープ交換により電算センターで自動的に処理することの基本契約である。

＜課否判断＞

　　第7号文書　　4,000円

＜理　　由＞

　この文書は，組合員が自己の貯金口座からの自動振替処理を農協に依頼した場合に，その自動引落しの事務処理を農協に代わって県信連の電算センターが行うにあたって，その事務処理を磁気テープにより行うことを内容とした文書である。

　農協にある組合員の貯金口座から農協に代わって県信連が自動引落し処理することは，政令26条の金融機関の業務の委託になるので第7号文書に該当する。

　なお，すでに農協と信連との間で帳票方式による自動振替に関する基本契約書が締結されていて，この引落し処理を帳票方式から磁気テープ方式に変換するための変更契約は，金融機関の業務または事務の範囲または対価の支払方法を定めたものに該当せず，単なる委託契約の一部変更に過ぎないので課税文書とならない。

|17| 月払共済掛金領収帳

月払共済掛金領収帳

(組合員コード)　　　　　　様

月払共済掛金　領収帳

............................農業協同組合

集金日　　　日

種類	契約番号	契約年月日	共済契約者	被共済者	共済金額	期間	型別	掛金	集　金　額
生命	011	2. 1. 1		本　人	1,000,000	年20		円2,500	2年4月から 2,500円
建物	011	2. 7. 1		建　物	1,000,000	5		1,500	2年7月から 4,000円
									年　月から　　円
									年　月から　　円
									年　月から　　円

異動欄	異動年月日	異　動　内　容	担当者印

払　込　欄

平成2年度（平成2年1月から平成2年12月まで）

1月分	2月分	3月分	4月分	5月分	6月分
領収	領収	領収	領収	領収	領収
2,500円	2,500円	2,500円	2,500円	2,500円	2,500円

（建物共済加入により）

7月分	8月分	9月分	10月分	11月分	12月分	割戻金
領収	領収	領収	領収	領収		
4,000円	4,000円	4,000円	4,000円	4,000円	4,000円	円

掛　金　払　込　み　に　つ　い　て　ご　案　内

1. 共済掛金は毎月契約応当日にお払込み下さい。
2. 共済掛金は払込猶予期間内（毎月の契約応当日の翌月末）までにお払込みになりませんと共済契約は失効します。
　　失効しますと、万一事故がありましても共済金は支払われません。
3. 失効した契約を復活（失効後2年以内）する場合には、あらためて手続きが必要になりますから、毎月契約応当日に必ずお払込み下さい。
4. その他ご不審なことは組合の担当者におたずね下さい。

＜使用方法＞
　農協が養老生命共済および建物更生共済等の契約者から共済掛金の払込があった場合に発行する共済掛金の領収通帳である。
　この通帳1冊で5件までの共済契約の掛金について付け込むこむことができるようになっており，また，4年間継続して使用することとなっている。

＜課否判断＞
　第19号文書　　400円　ただし生命共済掛金のみ受取事実を付け込むものは，第18号文書に該当し，200円となる。

＜理　　由＞
　金銭または有価証券の受取りの事実を連続して付け込み証明する目的で作成される通帳で，預貯金通帳に該当しないものは，第19号文書（金銭または有価証券の受取通帳）に該当する。
　生命共済の掛金通帳に該当する通帳は，人の死亡または生存を共済事故とする生命共済に係る掛金の受取事実のみを付け込む通帳であり，建物その他の工作物または動産などについて生じた損害を共済事故とする建物更生共済や火災共済等に係る掛金の受領事実を併せて付け込む通帳や，死亡または生存に併せて建物等について生じた損害をも共済事故とする共済に係る掛金の受領事実を付け込む通帳は，これに該当しない。
　したがって，これらの通帳は金銭の受取通帳に該当することになる。
　当初生命共済の掛金のみの受取事実を付け込むこととしていた生命共済の掛金通帳に，年の中途において生命共済以外の建物共済等の掛金の受領事実を併せて付け込むこととした場合には，金銭の受取通帳が作成されたものとして取扱われる。
　したがって，建物共済等の掛金の受領事実を併せて付け込んだときに200円の追加納付が必要となる。
　なお，付け込みが1年を超えて行われる場合には，その通帳を作成した日から1年を経過した日以後に最初の付け込みをした時に，新たな通帳が作成されたものとして，新たに印紙税の納付が必要となることに留意する。

18 全県農協メールの輸送料に関する覚書の一部改正契約書

全県農協メールの輸送料に
関する覚書の一部改正契約書

　　　　信用農業協同組合連合会（以下「甲」という。）と
通運株式会社（以下「乙」という。）は，平成　年　月　日締結した覚書の一部を次のとおり改正する。

1. 覚書第3条（輸送料および支払日）の甲が乙に対して支払う輸送料は「月額7,600,000円」とあるのを「月額7,900,000円」に改正し平成　年　月　日から実施する。

　上記契約書成立の証として本契約書2通を作成し，甲，乙各1通を保有する。

　　平成　　年　　月　　日

　　　　　　　　　　　　　甲　　　信用農業協同組合連合会
　　　　　　　　　　　　　　　　　会長理事

　　　　　　　　　　　　　乙　　　通運株式会社
　　　　　　　　　　　　　　　　　代表取締役社長

＜使用方法＞

　信連が県内各農協との間で行う県内メールの輸送は運送業者に委託して行っているが，この運送料を改訂することについての契約である。

＜課否判断＞

　第7号文書　　4,000円

＜理　　由＞

　県信連が運送業者に県内メールを委託するための契約は，「運送に関する2

以上の取引を継続して行うために作成される契約書」となり，第7号文書に該当する。

　また，この文書は輸送料の月額すなわち単価を改訂するものであるから，基本通達別表第2「重要な事項一覧表」に定める重要な事項の変更契約書として取扱われ，第7号文書に該当する。

|19| 観光代金振替引落決済約定書

観光代金振替引落決済約定書

　　　　　農業協同組合（以下「甲」という。）と　　　　信用農業協同組合連合会（以下「乙」という。）および社団法人全国農協観光協会(以下「丙」という。）は甲が丙に支払う観光代金の決済に関し，下記のとおり約定する。

記

第1条　甲が丙に支払う観光代金の決済については，乙における甲の当座貯金（単協口）口座（以下「貯金」という。）から振替依頼書を用い，引落決済を行うものとする。

第2条　甲が丙に支払う観光代金については，丙は第3条に規定する引落期日の5日前までに代金請求書を甲に送付し，振替依頼書を同前日までに乙に回付するものとする。

第3条　乙は丙から回付された振替依頼書の金額を毎月6日，16日，26日(当日が休日の場合は翌営業日)に甲の貯金から引落し，乙の本所における丙の普通貯金口座に振替入金するものとする。

第4条　甲は丙より第2条に基づく通知を受けた時は，貯金引落処理に支障のないよう措置を講じなければならない。

　(2)　甲の貯金残高が引落日に振替依頼書の金額に満たない場合は乙は直ちにその旨を丙に連絡するものとする。

　(3)　前項の場合において，乙はその不足額を甲が預け入れしない限り第1条の処理をしないものとする。

第5条　甲は第3条により乙において振替処理されたものについては，乙に対して何等の異議を申し立てないものとする。

（第6条〜8条省略）

　　平成　　　年　　　月　　　日

　　　　　　　　　　　　甲　　　　　農業協同組合
　　　　　　　　　　　　　　組合長理事

```
            乙        信用農業協同組合連合会

         東京都千代田区外神田1-16-8
         丙    社団法人    全国農協観光協会
                会長理事
```

＜使用方法＞

　農協が全国農協観光協会に支払う観光代金の決済については全国農協観光協会が発行する振替依頼書に基づいて，信連が農協の貯金口座から自動的に引落したうえ全国農協観光協会の口座に振替える処理をしている。

＜課否判断＞

　　第14号文書　　200円

＜理　　由＞

　この文書は，農協，信連および全国農協観光協会の三者が契約当事者となっているが，契約の内容は，農協と全国農協観光協会の間は，農協が全国農協観光協会に対して支払うべき委任の報酬（旅館代金および乗車券購入の手数料等）の支払方法等を定めるものであるから，委任契約に該当する。また，農協と信連の間は，農協が全国農協観光協会に支払う金額の支払いを信連に委託するとともに，貯金の払戻し方法の変更を定めたものであるから，第14号文書（金銭の寄託に関する契約書）に該当する。

　したがって，この文書は第14号文書として取扱われる。

　なお，この文書の作成者は，甲と乙である。

20 勤労者財産形成貯金の事務取扱に関する契約書

勤労者財産形成貯金の事務取扱に関する契約書

　○○県道路公社（以下「甲」という。）と○○農業協同組合（以下「乙」という。）とは、勤労者財産形成促進法第6条1項、第2項または第4項ならびに租税特別措置法第4条の3第1項または第4条の2第1項の規定に基づき、甲の従業員が乙および　　県下の農業協同組合（以下「丙」という。）と財産形成貯金契約、財産形成年金貯金契約および財産形成住宅貯金契約（以下「財形貯金契約」という。）を行うにあたり、その事務取扱について次の事項を確認し、契約書を取り交わすものとする。

第1条（貯金口座の設定）
　乙は、○○銀行（以下「○○銀行」という。）に乙の預金口座をあらかじめ設定するものとする。

第2条（給与からの控除）
　甲の従業員が財形貯金契約に基づき財形貯金をするにあたっては、甲が当該従業員の給与（賞与を含む。以下同じ。）から控除した資金をもって預入を行うものとする。

第3条（預貯金等の振込み）
　甲が、従業員の給与から控除した金銭を一括して前第1条に規定する預金口座に払い込むことにより、乙と従業員との間に締結した財形貯金契約に基づく預入等があったものとする。

第4条（控除額依頼書）
　乙は、甲の従業員の財形貯金にかかる給与からの控除、預入等を行うための財形貯金預入依頼書を取りまとめ、毎月末日までに1部を甲に提出するものとする。
　2．甲は、前項の依頼書を受理したときは、その内容を確認し、異動等必要事項の修正を行い、原則として従業員の給与支給日の5営業日前までに1部を乙に提出するものとする。

第5条（申込書の提出・確認）
　乙は、甲の従業員が提出する財形貯金申込書、財形貯金天引依頼書等（以下「申込書等」という。）について取りまとめを行い、甲に届け出るものとする。
　2．甲が乙に届け出た申込書等の記載事項について確認・点検を行う。なお、

> 財産形成非課税年金貯蓄申告書および財産形成非課税住宅貯蓄申告書の最高限度額の合計が、租税特別措置法に定める非課税限度額（550万円）を超過しないよう管理するものとする。

＜使用方法＞

　事業主が従業員の給料から控除した財形貯金を一括して農協に預け入れるために、事業主と農協との間で作成する契約書である。

＜課否判断＞

　不課税

＜理　　由＞

　事業主と農協との間の契約は委任契約であり、事業主は金融機関ではないから第7号文書に該当せず、他のいずれの課税文書にも該当しない。

21 店舗外現金自動設備の共同利用に関する契約書

店舗外現金自動設備の共同利用に関する契約書

　○○銀行（以下「甲」という）・××銀行（以下「乙」という）・△△信用金庫（以下「丙」という）および○○県信用農業協同組合連合会（以下「丁」という）は、甲・乙・丙および丁（以下「提携金融機関」という）が共同して店舗外現金自動設備を設置し、これを共同利用することについて、次のとおり契約する。

第1条（目的）
　提携金融機関は、相互の設備の効率化と地域住民の利便のために共同して店舗外現金自動設備（以下「共同出張所」という）を設置し、公正かつ円滑な運営と発展に資することを目的とする。

第2条（取扱業務の範囲）
　共同出張所においては、次の業務を取り扱うことができる。
　（1）預金・貯金業務
　（2）為替の振込業務
　（3）貸付業務（消費者金融に限る）
　（4）通帳記帳
　（5）残高照会
　（6）幹事金融機関が加盟する提携金融機関のカードによる取引
　（7）幹事金融機関が提携するクレジット会社のカードホルダーに対するキャッシング業務

第3条（運営）
　共同出張所の運営は、幹事金融機関が行なう。

第4条（管理・運営要領）
　共同出張所の管理・運営のため、別に「管理・運営要領」を定める。
２．管理・運営要領には次のことがらを定める。
　（1）設置場所
　（2）幹事金融機関
　（3）管理店
　（4）営業日・営業時間
　（5）取扱業務

（6）手数料
　　　（7）障害時の対応
　　　（8）防犯・安全対策
　　　（9）費用負担
　　　(10) その他管理・運営に必要な事項
　　　　　　　　　　　　（以下省略）

＜使用方法＞
　信連と複数の銀行が共同して店舗外現金自動設備を設置し、これを共同利用することの契約である。

＜課否判断＞
　不課税

＜理　由＞
　金融機関相互の契約であるが、互いに店舗外現金自動設備を共同利用するための契約であり、金融業務を委託するものではないので、第7号文書には該当せず、他の課税文書にも該当しない。
　なお、ATMの共同利用に伴う金融機関相互の預貯金業務の委託や代行決済等を定めた契約書は金融機関業務の委託を定めたものとなり、第7号文書に該当することに留意する。

22 農協購買品売買基本契約書

農協購買品売買基本契約書

　　　　　（以下「買主」という）が　　農業協同組合（以下「組合」という）より物品を購買するについてはこの約定にしたがう。

（本契約の基本契約性）
第1条　この約定は，この契約の有効期間中，買主と組合両者間における一切の購買品売買につき共通に適用されるものとする。但し，個別契約においてこの約定に定める事項の一部もしくは全部の適用を排除し，またはこの約定と異なる事項を約定したときは個別契約による。

（売買目的物）
第2条　この契約に基づく売買の目的となる物品の範囲は，買主が組合より購入する一切の購買品とする。

（売買契約の成立）
第3条　組合より売渡される物品の品名，数量，単価，引渡条件，その他売買につき必要な条件は，この約定にさだめるもののほか，売買の都度両者間において別に定める。
　②　前項の売買は買主が組合から物品を受領したことによって成立するものとする。

（代金の支払）
第4条　売買代金は毎月末に締切り翌月25日迄に現金もしくは貯金口座から支払う。
　②　売買代金のうち当組合が決済日を指定したものについては指定月の25日迄とし前項の売買代金に合算のうえ前項と同様の方法により支払う。
　③　前2項による貯金口座支払いにあたり組合は買主の同貯金口座から所定の手続を省略し振替決済しても買主は異議を申立てないものとする。

（代金の利息）
第5条　購買代金を前条に定める日に支払わなかった場合は，物品の引渡をうけた日より当該代金を支払いした日までの期間につき，支払わなかった代金に対し，年　　％（年365日の日割計算による）の割合で計算した利息を組合に支払うものとする。但し，利息計算サイトを定めた場合は，其の期間中の

利息は支払わない。

（購売代金極度額）
第6条　買主が組合より買掛することができる購買代金の極度額は金　　　円とし，この額に達した場合には組合が新たに購買品の供給を中止し，もしくは制限しても異議ないものとする。

（期限の利益の喪失）
第7条　買主について次の各号の事由が一つでも生じた場合には，組合から通知催告等がなくても組合に対する一切の債務について当然期限の利益を失い，直ちに債務を弁済する。

1. 買主または保証人の組合に対する貯金その他の債権について仮差押，保全差押又は差押の命令，通知が発送されたとき。
2. 住所変更の届出を怠るなど買主の責めに帰すべき事由によって，組合に買主の所在が不明となったとき。

② 次の各場合には，組合の請求によって組合に対する一切の債務の期限の利益を失い，直ちに債務を弁済する。

1. 買主について支払いの停止または破産，和議開始，会社更正手続き開始，会社整理開始もしくは特別清算開始の申立があったとき。
2. 買主が手形交換所の取引停止処分をうけたとき。
3. 買主が債務の一部でも履行を遅滞したとき。
4. 担保の目的物について差押または競売手続の開始があったとき。
5. 買主が組合との各取引約定（上記第1条個別約定を含む）に違反したとき。
6. 保証人が前項第2号または本項各号の一つにでも該当したとき。
7. 前各号のほか債務保全を必要とする相当の事由が生じたとき。

（物品の任意処分）
第8条　買主が引渡期日に物品を引取らない等，契約の履行を怠った場合には，組合はいつにてもその物品を買主の計算において任意に処分のうえ，その売得金をもって買主に対する損害賠償債権を含む一切の債権の弁済に充当し，不足額あるときは，買主に請求することができるものとする。

（連帯保証）
第13条　保証人はこの約定及び個別売買契約に関連し現に発生している，及び将来発生する一切の債務につき，買主と連帯して保証するものとする。

　　　　平成　　年　　月　　日

```
         買    主  住  所
                 氏  名  _____ 印
         連帯保証人  住  所
                 氏  名  _____ 印

    農業協同組合御中
```

＜使用方法＞

　組合員が農協から肥料，農薬，農機具などの物品を継続して購入する場合に作成する契約書であり，その購買代金を組合員の貯金口座から自動引落しすることを約定するものである。

　なお，第6条において購売代金極度額の定めがあるが，これは，借越約定とは異なり，買掛けすることができる極度額のことである。

＜課否判断＞

　第7号文書　　4,000円　ただし，農協の出資者の場合は，第14号文書200円

＜理　　由＞

　この文書は，農協と組合員等との間の物品の売買取引を継続して行うために作成される契約書で，その取引条件のうち対価の支払方法を定めたものであるから継続的取引の基本となる契約書（第7号文書）である。ただし，農協と出資者の間は営業者の間の取引に該当しないので，単なる物品の売買契約（不課税）となる。

　また，貯金の払戻方法の特約を定めるものでもあるから，第14号文書（金銭の寄託に関する契約書）にも該当する。

　なお，購売代金極度額の定めがあるが，これは借越約定とは異なり，買掛けするというものであるから，この部分は第1号の3文書（消費貸借に関する契約書）には該当しない。

　以上のことから，この文書は，第7号文書と第14号文書に該当し，通則3

のハにより第7号文書となる。ただし，農協と出資者との間の契約については，第14号文書に該当することになる。

23 自動販売機取引基本契約書

自動販売機取引基本契約書

　○○農業協同組合（以下甲という）と××販売株式会社（以下乙という）とは、自動販売機の設置に関し、次のとおり契約を締結した。

第1条　甲は、乙が甲の指定する別表（1）の場所（以下設置場所という）に別表（1）の自動販売機（以下自販機という）を設置することを承諾し、乙は、これに対し、対価を支払うことを約した。

　2．甲は、設置場所につき、自販機の設置を許諾できる権限を有していることを保証する。

第2条　乙は、設置した自販機で乙の商品（以下商品という）を販売するものとする。

第3条　自販機のロケーションマージンは、別表（2）のとおりとし、乙は、これを毎月末日に締切り、翌月15日までに甲に支払うものとする。

第4条　乙は、自販機の設置、移設、撤去および保全、補修等の管理、販売する商品の数量、品質等の管理、売上代金、釣銭の管理をその責任と負担にて行うものとする。ただし、甲は、場所の提供者として、次により乙に協力するものとする。

　① 自販機の滅失、盗難、毀損、故障等、商品の不足、変質、盗難等、売上代金、釣銭の盗難、不足等その他異常を発見したときは、直ちに乙に連絡する。

　② 自販機、商品、売上代金、釣銭等が危害を受けているとき、またはそのおそれがあるときは、その阻止に努める。

　③ 自販機および販売する商品に対する苦情に対応処理する。

　④ 自販機の運転に必要な電気、水道の確保に努める。

　⑤ その他各号に関連する事項。

　　　　　　　　　　　　　　（以下省略）

＜使用方法＞

　農協のビルの屋内に飲料類の自動販売機を設置するために飲料類の販売業

者と結ぶ契約書である。
＜課否判断＞
　不課税
＜理　　由＞
　自動販売機の設置契約は自動販売機を設置する場所を使用することについての契約であり、設置する場所により印紙税の取扱いが異なる。
　1　設置する場所が地面であるもの　→　第1号の2文書（土地の賃借権の設定に関する契約書）
　2　設置する場所が1以外のもの　→　不課税
　本事例の場合は、設置する場所がビルの屋内であるから不課税である。

24 カード補償情報センター利用にかかる業務委託契約

カード補償情報センター利用にかかる業務委託契約

　○○○農業協同組合（以下「甲」という。）は全国銀行協会が設置・運営するカード補償情報センター（以下「センター」という。）の利用にあたり、次に掲げる業務を○○○信用農業協同組合連合会（以下「乙」という。）に委託するものとする。

　なお、本契約の内容および本契約において使用する用語は、別途全国銀行協会が定める「カード補償情報センター規則」（以下「規則」という。）および「カード補償情報センター事務取扱要領」（以下「要領」という。）等に基づくものとする。

（同センター業務への参画方法）

第一条　センター規則第12条に基づき、甲は「事務委託会員」、乙は「事務受託会員」として同センターの業務に参画する。

（委託業務の範囲）

第二条　センター規則第12条に基づき、甲は同規則第21条、第22条、第29条および第30条に規定する登録、照会に関する事務処理のほか、センターまたは他の会員との間で規則等に基づき生じる事務処理を乙に委託する。なお、甲と乙との間の事務処理については、原則、センター規則及び要領に基づき行われる乙と同センターとの間の事務処理に準じるものとする。

（以下省略）

＜使用方法＞

　全国銀行協会が設置・運営するカード補償情報センターを利用するに当たり、農協が信連に登録、照会等の事務処理を委託する際に作成する契約書である。

＜課否判断＞

　不課税

＜理　　由＞

全国銀行協会が設置・運営するカード補償情報センターを利用するための利用契約であり、課税文書には該当しない。

なお、農協と信連間の契約であるが、委託する業務は金融業務ではないので、第7号文書には該当しない。

事例編③

貸出関係文書の取扱い

1 借入申込書(その1)

借 入 申 込 書

平成　年　月　日

農業協同組合 御中

下記条件にて貸付を受けたくお願い申し上げます

申込者	住所			借入申込金額	円		
	コード	氏名	印	借入希望月日	平成	年 月 日	
				返済予定	平成	年 月 日	

用途	

返済条件	米代　　　　円 　　　　　　円 　　　　　　円 一時払　　回分割払	左記財源(貯金)から引落して当該借入元利金に充当することを承認いたします 　氏　名　　　　　　　　㊞

保証人	住所	担	組合長	
	コード　氏名		参事	
	住所	保	金融課長	
	コード　氏名		係員	

| 参考 | 田 | 反 | 畝 |
| | 畑 | 反 | 畝 |

＜使用方法＞

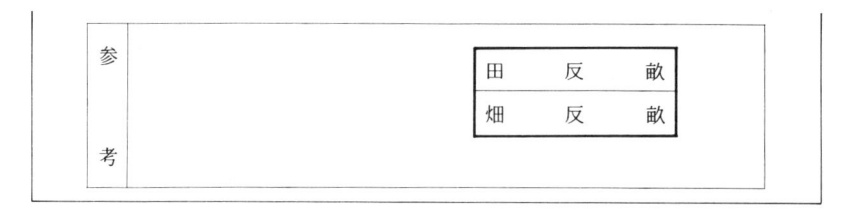

農協から資金を借入れる際に，この借入申込書に借入申込金額，借入期間，用途などの借入希望条件を記入して農協に提出する。

なお，保証人欄には，保証人の保証意思の有無を確認するため，保証人の自署・捺印を求めることとしている。

＜課否判断＞

　　第13号文書　　200円

＜理　　由＞

借入申込書そのものは，借入者がその借入希望条件を意思表示したものであるから契約書には該当しない。

なお，返済条件欄に，「償還財源とその販売代金に係る貯金から引落して借入金の返済に充当することを承認する」としてこれに自署捺印することにしているが，当該文書はそのことを条件に借入れの申込みをするという申込文書であるから，契約書には該当しない。

しかし，この借入申込書に連帯保証人が自署捺印することは，保証人と債権者との間の保証契約の予約に該当することとなり，「債務の保証に関する契約書」として取扱われ，第13号文書に該当する。

2 借入申込書(その2)

借 入 申 込 書

平成　年　月　日

農業協同組合　御中

〒　　－
おところ ………………………………………
TEL　　（　　）　　－

おなまえ
(名称・代表者)
………………………………………㊞

(生年(設立)月日　　年　月　日／満　　歳)

下記のとおり借入したいので申し込みます。

記

1	申込金額 または極度額	¥						
2	資金使途							
3	借入形式	□手形借入　□証書借入　□当座借越 □手形割引　□特別当座借越　□債務保証							
4	借入希望時期	平成　　年　　月　　日						
5	償還期限	平成　年　月　日　（据置期間　年　か月）						
6	返済方法	□元金均等　□元利均等　□一括払い　□元金不均等 □ボーナス併用　□随時返済(当貸)　□約定返済(当貸)							
7	返済日	毎回返済分	□毎月　　日 □年　回（　　　　　　　　　　月の各　　日） □その他（　　　　　　　　　　　　　　　）					
		特定月増額返済分	年　回（　　月と　　月の　　日）					
8	借入希望利率	□固定　□変動　□固定選択　年　　%						
9	連帯債務者・保証人	□あり（明細のとおり）　□なし							
		連帯債務者・保証人予定者	住　所			申込者との関係／年齢		
						／　　歳		
						／　　歳		
						／　　歳		
10	担保	□あり（明細のとおり）　□なし							
		対象物	所在地		面積、金額等	担保提供者	申込者との関係／年齢	
							／　　歳	
							／　　歳	
							／　　歳	
							／　　歳	
11	返済財源								

※　裏面の内容についてもご記入願います。ただし、別に資料等ご提出いただく場合がありますので、記入項目については、担当者までご確認ください。

＜使用方法＞

　農協から資金を借入れる際に，この借入申込書に借入申込金額，借入期間等，借入希望条件を記入して農協に提出する。

　なお，保証人予定者欄は債務者が記入する。

＜課否判断＞

　不課税

＜理　　由＞

　借入申込書は単なる申込書で契約書に該当しない。

　また，保証人予定者欄は債務者が保証人として予定している者の氏名等を記入するものであるから，第13号文書には該当しない。

　なお，保証人予定者となっていても，保証人本人が自書・捺印したものは，第13号文書に該当することとなるので注意する。

3 借入手続のご案内

借 入 手 続 の ご 案 内

平成　年　月　日

　　　　様

農業協同組合

（取扱店）　　　　　　㊞

　かねてお申込みの資金については、下記貸出条件でよろしければ、借入手続をお取り運びいただきますよう、ご案内いたします。
　なお、ご融資の際、お申込内容からご返済財源、お借入れの状況等が著しく変化した場合は、記載されている貸出条件の再検討またはご融資をお断りする場合がございますので予めご承知ください。

記

用　途				
金　額	￥			
利　率	□固定　□変動 年　　　　％	最終期限	平成　年　月　日	
		毎回返済	特定月増額返済	
□元利均等返済	初回返済日	平成　年　月　日 ￥	平成　年　月　日 ￥	
□元金均等返済	2回目以降の返済日	平成　年　月から 平成　年　月までの毎年、 月　月　月の各　日 ￥	平成　年　月から 平成　年　月までの毎年、 月　月　月の各　日 ￥	
□元金不均等返済	最終回返済日	平成　年　月　日 ￥	平成　年　月　日 ￥	
	返済回数	回	回	
	毎回の返済額	￥	￥	
□期日一括返済				
利息支払期日	□前取り	初回を借入日、第2回を平成　年　月　日、以後毎年、　月　月の各日		
	□後取り	初回を平成　年　月　日、以後毎年、　月　月　月の各　日		
保　証				
担　保				
費　用				
その他				
留意されたい事項				

＜使用方法＞

　農協が借入申込者に対し，貸付審査が終了したので，借入手続を取り運ぶよう案内するための連絡文書である。

＜課否判断＞

　不課税

＜理　　由＞

　この文書は，借入申込みに対する農協の貸出条件を提示するとともに，借入申込人がこの条件でよかったら借入手続きを取り運ぶよう案内する文書であって，農協が提示した貸出条件について借入申込人の応諾の意思を照会するための文書にすぎないので,消費貸借契約の成立を証明するものではない。

　したがって，この文書は印紙税法上の契約書に該当せず，課税文書にならない。

4 農協クローバローン借入申込書

<使用方法>

　クローバローンの融資にあたり，借入希望者から別紙の申込書の提出を受けているが，この申込書は組合内部の稟議書も兼ねているため，借入者自身のほか農協の担当者も所要事項の記入をしている。

<課否判断>

　不課税

<理　　由>

　契約は，申込みとそれに対する応諾によって成立するものであり，契約の申込みの事実だけを証明する単なる申込書は契約書に該当しないが，申込書等であっても契約当事者双方の署名または押印のあるものは契約書として取扱われる。

　したがって，借入申込者が署名または押印した借入申込書等に農協職員が受付印または担当者印等を押捺してその申込書の一部を相手方に返戻した場合は，単なる申込みの受付であることが明らかな場合を除き契約書に該当す

ることになる。
　この申込書は，稟議書を兼用しているため，審査過程において農協担当者が補足的に必要な項目を記入するが，これはあくまで内部の事務処理の必要性によるものであり，かつ，この申込書は，そのまま内部稟議書として農協内部に保管されているものであるから契約書に該当しない。。

5 クローバローン繰上げ返済申込書

農協クローバローン繰上げ返済申込書

平成　年　月　日

農業協同組合　御中

　　　　　　　　　　債務者　　住所
　　　　　　　　　　　　　　　氏名　　　　　　　　　㊞
　　　　　　　　　　連帯保証人　住所
　　　　　　　　　　　　　　　氏名　　　　　　　　　㊞

繰上げ返済金額		繰上げ返済回次	第　回次から第　回次まで
1	貴組合から平成　年　月　日に借り入れた借入金の毎月返済を約定している債務元金について、上記のとおり繰上げ返済を申し込みます。 　なお、上記繰上げ返済後の毎月返済を約定している債務元金については、今後も引きつづき、毎月繰り上げて支払いますから、「農協クローバローン契約書」の第1条により取り扱ってください。		
2	貴組合から平成　年　月　日に借り入れた借入金の特定月増額返済を約定している債務元金について、上記のとおり繰上げ返済を申し込みます。 　なお、上記繰上げ返済後の特定月増額返済を約定している債務元金については、今後も引きつづき、上記繰上げ返済回次の次回次以降を繰り上げて支払いますから、「農協クローバローン契約書」の第1条により取り扱ってください。		
3	貴組合から平成　年　月　日に借り入れた借入金の年2回返済を約定している債務元金について上記のとおり繰上げ返済を申し込みます。 　なお、上記繰上げ返済後の債務元金については、今後も引きつづき、上記繰上げ返済回次の次回次以降を繰り上げて支払いますから、「農協クローバローン契約書」の第1条により取り扱ってください。		

（注）1、2または3を○で囲んでください。

＜使用方法＞

　クローバローン借入者から貸付金の一部繰上償還の申し出があった場合に，借入者からこの申込書の提出を受けている。

＜課否判断＞
不課税
＜理　　由＞
　この文書は，借入金の一部繰上弁済の申込みの意思表示と，この繰上弁済後の残債務は返済期限を短縮して従来の各月ごとの返済額を同額とし，そのまま引き続き返済する旨の意思表示をした申込文書であり，契約書に該当しない。
　この文書には，連帯保証人の署名押印があるが，保証契約は，既に約定した「農協クローバローン契約書」により締結済みのものであり，この保証人印は，新たな保証契約の成立または保証契約の重要事項を変更することを承諾する意思表示をしたものでもないので債務保証契約にも該当しない。
　なお，この申込書を正副2通作成し，その1通に農協が受付印または担当者印を押捺したものを債務者に返却している場合には，この文書は契約書として取扱われ第1号の3文書に該当することとなることに留意する。

6 貸付条件変更通知書

平成　年　月　日

貸付条件変更通知書

殿

農業協同組合

　先にお申し込みのありました貸付条件については，下記の通り決定しましたからご通知申し上げます。

記

（区　分）	（当初貸付条件）	（変更貸付条件）
金　　額	当初貸付額￥ 現　在　残￥	条件変更対象額￥
利　　率	年　　％	年　　％
償還方法	一時払い 　　年　月　日	年　賦　払 平成　年　月　日　￥ 平成　年　月　日　￥ 平成　年　月　日　￥ 平成　年　月　日　￥ 平成　年　月　日　￥ 平成　年　月　日　￥ 平成　年　月　日　￥ 平成　年　月　日　￥ 平成　年　月　日　￥ 平成　年　月　日　￥
最終弁済期限	年　月　日	年　月　日

そ　の　他

＜使用方法＞

既往の貸付金について，借入者から貸付条件の変更申出があった際に，その変更後の貸付条件を借入者に通知することとしている。

＜課否判断＞

　第1号の3文書　　200円

ただし，貸付金額を変更するものは条件変更対象額に対応する階級税率となる。

＜理　　由＞

この貸付条件変更通知書は，借入者からの借入条件変更の申出に対する応諾（決定）の文書であり，かつ，その変更内容が貸付金額，利率，償還方法，最終弁済期限など消費貸借契約の重要な事項を変更するものであるから，消費貸借契約の変更契約書となり，第1号の3文書に該当する。

なお，変更内容が利率，償還方法，最終償還期限である場合は，この文書に記載されている条件変更対象額は，原契約書において確定している消費貸借の債務金額を単に確認するものであるから，この文書において証明の目的とする記載金額とはならないが，貸付金額の変更を内容とした条件変更決定通知の場合は，その変更金額が記載金額となる。

7 条件変更申請書

平成　年　月　日

条 件 変 更 申 請 書

信用農業協同組合連合会　御中

債務者
住　所
氏　名　　　　㊞

私は貴会から平成　年　月　日付金融取引約定書にもとづき，平成　年　月　日付金銭消費貸借証書により金　　　　円也（現在残高　　　円也）を借用しておりますが，今般下記理由により，条件変更下さいますよう，別紙資料を添え申請いたします。

記

1. 理　由

2. 変更内容

表記の条件変更申請について同意します。

連帯保証人
住　所
氏　名　　　　㊞

同
住　所
氏　名　　　　㊞

担保提供者
住　所
氏　名　　　　㊞

＜使用方法＞

既往の借入金について，借入条件の変更を希望する場合に，その変更内容を具体的に記入して信連に申請するもので，債務者とともに連帯保証人，担保提供者が自署捺印している。

＜課否判断＞

　　第13号文書　　　200円

＜理　　由＞

債務者が借入条件の変更について債権者に対し申出るための申請書は，契約書に該当しない。しかし，連帯保証人が，借入条件の変更内容について同意したうえ，その申請書に自署，捺印することは，保証契約の内容の成立を証する文書となり，「債務の保証に関する契約書」に該当し，第13号文書となる。

8 承諾書

承 諾 書

今般「共済資金貸付要領」にもとづく貴組合からの借入金については平成　年　月　日付農協取引約定書および平成　年　月　日付借用証書各条項を遵守し、貴組合との間に締結した共済契約の解除または事故（死亡もしくは罹災）により共済金受取人の受取るべき返戻金および満期共済金をもって貴組合において償還期日にかかわらず下記の債務の弁済に充当されても異議はありません。

記

1. 借入金
   (1) 借入年月日　　平成　年　月　日
   (2) 借入金額　　￥
   (3) 資金の使途
2. 共済契約

種　別				
契約金額				
契約番号				
契約月日				
契約満期日				
共済契約者				
共済金受取人				

3. 共済契約者は上記の共済金受取人の変更はいたしません。ただし、止むを得ざる場合は、組合の承諾を得た後変更し、変更後の共済受取人は前任者の責を負います。
4. 共済契約者は，上記債務の弁済が完了するまで失効解約をいたしません。

上記の通り後日の証として本承諾書を差入れます。

平成　年　月　日
　　　　農業協同組合
　組合長理事　　　殿

共済金受取人	印
債　務　者 （共済契約者）	印
被 共 済 者	印

※ 受取人が無能力者の場合は法定代理人の同意が必要。

＜使用方法＞

　組合員が，共済資金貸付要領に基づいて農協から資金の借入れを受けるにあたって，借入者が万一死亡した場合はその共済金により，また満期共済金が支払われた場合は，その満期共済金をもって債務の弁済に充てることを約定する文書である。

＜課否判断＞

　　第1号の3文書　　　200円

＜理　　由＞

　この文書は，共済資金借入金の弁済に際して，死亡共済金または満期共済金が支払われた場合は，その共済金を債務の弁済に充当することについて承諾する旨の意思表示をしたものであるから，消費貸借契約の弁済方法を定めるものであり，「消費貸借に関する契約書」に該当し，第1号の3文書となる。

　なお，この文書には借入金額が具体的に記載されているが，別途債務金額が確定した原契約書を引用しているので，この金額は記載金額には該当しない。

9 借入金期限前償還承諾請求書

発第　　　　　号
平成　年　月　日

信用農業協同組合連合会　御中

住　所
名　称
代表者　　　　　　㊞

借入金期限前償還承諾請求書

　平成　年　月　日付借用証書に基づく金銭消費貸借契約について，下記のとおり，借入金の期限前全額（一部）償還をしたいからご承諾くださるよう請求します。

記

取引先コード		期限前償還の理由
借入番号	No.	（転貸資金の場合は当該者の氏名，金額及び理由）
借入年月日	平成　年　月　日	
資金名	資金	
当初借入金額	¥	
現在借入残元金	¥	
期限前償還申込金額	¥	
期限前償還後の残元金	¥	
今後の償還方法（全額償還の場合記入不要）			
平成　年　月　日 ¥	平成　年　月　日 ¥	平成　年　月　日 ¥
平成　年　月　日 ¥	平成　年　月　日 ¥	平成　年　月　日 ¥

平成　年　月　日
　　　　　　　　　殿
信用農業協同組合連合会

貸付金の期限前償還承諾通知書

　上記のとおり承諾いたしましたから，別紙貸付金払込案内書のとおり　　月　　日までにお払込みください。

＜使用方法＞

既往の借入金について，その一部を繰上償還するにあたって，借入者が繰上償還後の借入金残額に係る返済方法についての希望条件を記入して，信連に提出するものである。

信連では，その償還後の返済条件について内容を検討し，その結果を借入者に通知している。

＜課否判断＞

　　第1号の3文書　　　200円

＜理　　由＞

借入者からの承諾請求書は，単なる申込書にすぎないので契約書に該当しないが，信連の交付する承諾通知書は，期限前に一部繰上返済すること，すなわち支払条件の変更について借入者からの申込みに対する応諾の意思表示をしたものであり，消費貸借契約についての重要な事項の変更を内容としているので，第1号の3文書に該当する。

この文書には，当初借入金額が記載されているが，別途債務金額を確定させた原契約書を引用しているのでこの金額は記載金額として取扱われない。

したがって，この文書は，契約金額の記載のない消費貸借契約書となる。

| 10 | **農畜産物販売代金相殺約定書**

農畜産物販売代金相殺約定書
（兼借入金受領書）

貸付年月日平成　　年　　月　　日

農業協同組合　殿

債務者　住　所　　　　　　　　　番地
　　　　氏　名　　　　　　　　　㊞

連帯保証人　住　所　　　　　　　　　番地
　　　　　　氏　名　　　　　　　　　㊞

(1)借入金額	円也	(4)最終弁済期限	年　月　日
(2)借入金の使途	生活資金	(5)元金および利息の支払方法	農畜産物販売代金からの相殺
(3)利　息	年　　%	(6)その他	下記約定の通り

　債務者は，上記の条件により金銭を借用し，これを受領致しました。ついては，下記約定および借入条件にしたがい債務の履行を致します。
〔約　定〕
1. 上記借入金およびその利息については債務者が貴組合を通じ販売する……………の販売代金から相殺することを承諾し，債務額が完済されるまで，債務者宛の販売代金はこれを優先に分割相殺金として充当しても異議ありません。
2. 万一，債務者の前記販売代金で全債務額を相殺し得ない場合は，その残額について責任をもって最終弁済期限までには債務の履行を致します。
3. 貴組合に対する債務を履行しなかった場合には，支払うべき金額に対し年　　%の割合の損害金を支払います。この場合の計算方法は年365日の日割計算といたします。
4. 利息および損害金の割合については，金融情勢の変化，その他相当な事由がある場合には一般に行なわれる程度のものに変更されることに同意致します。
5. 保証人は債務者がこの約定書によって負担する一切の債務について債務者と連帯して債務履行の責任を負います。

＜使用方法＞
　農協から生活資金を借入れるにあたり，その借入金の返済を借入者が農協に出荷する農産物の販売代金をもって分割して返済することを約定したものである。

＜課否判断＞
　第１号の３文書　　借入金額に対応する階級税率

＜理　　由＞
　この文書は，標題が販売代金相殺約定書兼借入金受領書となっているが，借入金の受領事実とともに，その借入金の最終弁済期限，支払方法および利率など，金銭消費貸借の成立に結びつく事項が記載されているので消費貸借契約書として取扱われ，第１号の３文書に該当するとともに，借入金の受領事実を証明するものであるから第17号の２文書にも該当する。
　この場合通則３のイにより第１号の３文書になる。
　なお，債務保証契約書に関する事項の記載もあるが，主たる債務の契約書に併記するものであるからこの事項は第13号文書に当らない。
　税額は借入金額欄に記載した金額が記載金額となり，この金額に応ずる階級税率が適用されることになる。

11 手形取引約定書

手 形 取 引 約 定 書
（農協取引約定補完）

平成　　年　　月　　日

農業協同組合　御中

　　　　　　　　　　　住　所　_____

債　務　者　氏　名
　　　　　　（名称・代表者）　_____　㊞

　債務者は、_____農業協同組合（以下「組合」という。）との手形借入の取引に関し、債務者が別に組合と契約した農協取引約定書の各条項を承認のうえ、下記条項を確約します。

記

第1条　手形借入の貸付極度額は金_____円也とします。
第2条　この約定による取引期限は、平成__年__月__日とします。
第3条　借入金利息は、組合の指定する時期に、組合所定の利率および方法によって計算された金額を支払います。
第4条　組合の都合により、いつでも第1条の極度額を減額され、または第2条の期限を短縮され、もしくはこの取引を一時中止され、あるいはこの約定を解約されても異議ありません。
第5条　この取引が一時中止され、もしくはこの約定が解約されたときは、直ちに借入元利金を弁済します。また、極度額を減額されたときは、直ちに極度額を超過する借入金を弁済します。
第6条　債務者は、現在、暴力団、暴力団員、暴力団員でなくなった時から5年を経過しない者、暴力団準構成員、暴力団関係企業、総会屋等、社会運動等標ぼうゴロまたは特殊知能暴力集団等、その他これらに準ずる者（以下これらを「暴力団員等」という。）に該当しないこと、および次の各号のいずれにも該当しないことを表明し、かつ将来にわたっても該当しないことを確約します。
　①　暴力団員等が経営を支配していると認められる関係を有すること
　②　暴力団員等が経営に実質的に関与していると認められる関係を有すること
　③　自己、自社もしくは第三者の不正の利益を図る目的または第三者に損害を加える目的をもってするなど、不当に暴力団員等を利用していると認められる関係を有すること
　④　暴力団員等に対して資金等を提供し、または便宜を供与するなどの関与

をしていると認められる関係を有すること
　⑤　役員または経営に実質的に関与している者が暴力団員等と社会的に非難されるべき関係を有すること
２　債務者は、自らまたは第三者を利用して次の各号の一つにでも該当する行為を行わないことを確約します。
　①　暴力的な要求行為
　②　法的な責任を超えた不当な要求行為
　③　取引に関して、脅迫的な言動をし、または暴力を用いる行為
　④　風説を流布し、偽計を用いまたは威力を用いて組合の信用を毀損し、または組合の業務を妨害する行為
　⑤　その他前各号に準ずる行為
３　債務者が、暴力団員等もしくは第１項各号のいずれかに該当し、もしくは前項各号のいずれかに該当する行為をし、または第１項の規定に基づく表明・確約に関して虚偽の申告をしたことが判明し、債務者との取引を継続することが不適切である場合には、債務者は組合から請求があり次第、組合に対するいっさいの債務の期限の利益を失い、直ちに債務を弁済します。
４　前項の規定の適用により、債務者に損害が生じた場合にも、組合になんらの請求をしません。また、組合に損害が生じたときは、債務者がその責任を負います。

＜使用方法＞

　債務者が農協から資金を手形借入れの方法で借入れるに際し、農協取引約定書を補完する約定として、その借入れに係る特約事項を定めた約定書を差入れている。

＜課否判断＞

　第１号の３文書　　　200円

＜理　　由＞

　この約定書は、貸付取引によって生ずる農協に対する債務の履行について、履行方法その他の基本的事項を定める契約書であるから、第１号の３文書に該当する。

　なお、記載の極度額は、この金額の範囲内で反復して貸付けが行われる、いわゆるクレジットラインを示したものであるから、記載金額として取扱われず「契約金額の記載のない契約書」となり、印紙税は200円である。

12 農協取引約定書

農 協 取 引 約 定 書

平成　年　月　日

甲： 住　所

　　 氏　名　　　　　　　　　　　　実印
　　 （名称・代表者）　　　　　　　　㊞

乙： 住　所
　　 名　称
　　 代表者　　　　　　　　　　　　　㊞

　　　　　　　　（以下、「甲」という。）と　　　　　　農業協同組合（以下、「乙」という。）とは、甲乙間の取引について、以下の条項につき合意しました。

第1条（適用範囲）
　① 甲および乙は、甲乙間の手形貸付、手形割引、証書貸付、当座貸越、購買未収、販売仮渡、保証委託、その他甲が乙に対して債務を負担することとなるいっさいの取引に関して本約定を適用します。
　② 乙と第三者との取引を甲が保証した場合の保証取引は、前項の取引に含まれるものとします。
　③ 甲が振出、裏書、引受、参加引受または保証した手形を、乙が第三者との取引によって取得した場合についても本約定を適用します。
　④ 甲乙間で別途本約定書の各条項と異なる合意を行った場合については、その合意が本約定に該当する条項に優先するものとします。

第2条（手形と借入金債務）
　甲が乙より手形により貸付を受けた場合には、乙は手形または貸金債権のいずれによっても請求することができます。

第3条（利息、損害金等）
　① 利息、割引料、保証料、手数料、これらの戻しについての割合および支払の時期、方法については、別に甲乙間で合意したところによるものとします。ただし、金融情勢の変化その他相当の事由がある場合には、甲または乙は相手方に対し、これらを一般に合理的と認められる程度のものに変更することについて協議を求めることができるものとします。
　② 甲は、乙に対する債務を履行しなかった場合には、その支払うべき金額に対し年　　％の割合の損害金を支払います。ただし、利息、割引料、保証料については、損害金を付しません。この場合の計算方法は年365日の日割計算とします。

第4条（担保）
① 担保価値の減少、甲またはその保証人の信用不安などの乙の甲に対する債権保全を必要とする相当の事由が生じたと客観的に認められる場合において、乙が相当期間を定めて請求したきは、甲は乙の承認する担保もしくは増担保を差し入れ、または保証人をたてもしくはこれを追加します。
② 甲が乙に対する債務の履行を怠った場合には、乙は、担保について、法定の手続も含めて一般に適当と認められる方法、時期、価格等により乙において取立または処分のうえ、その取得金から諸費用を差し引いた残額を法定の順序にかかわらず甲の債務の弁済に充当できるものとし、なお残債務がある場合には甲は直ちに弁済します。甲の債務の弁済に充当後、なお取得金に余剰が生じた場合には、乙はこれを権利者に返還するものとします。
③ 甲が乙に対する債務を履行しなかった場合には、乙が占有している甲の動産、手形その他の有価証券は、乙において取立または処分することができるものとし、この場合もすべて前項に準じて取り扱うことに同意します。
④ 本条の担保には、留置権・先取特権などの法定担保権も含むものとします。

第5条（期限の利益の喪失）
① 甲について次の各号の事由が一つでも生じた場合には、乙からの通知催告等がなくても、甲は乙に対するいっさいの債務について当然期限の利益を失い、直ちに債務を弁償します。

(以下略)

＜使用方法＞

　農協等から資金を借入れるにあたり、農協に対する一切の債務の履行について包括的に履行方法その他の基本的事項を定めるための契約として、農協取引約定書を差入れている。

＜課否判断＞

　第7号文書　　4,000円

＜理　　由＞

　農協との貸付（手形割引、当座貸越を含む）、支払承諾、外国為替その他の取引によって生ずる債務のすべてについて、包括的に履行方法その他の基本的事項を定める契約書は、「継続的取引の基本となる契約書」に該当し、第7号文書になる。

　なお、この農協取引約定書は、営業者間の契約であると否とにかかわらず第7号文書となるので、農協と農協の出資者である組合員との間の契約についても第7号文書となることに留意する。

13 債権管理回収業務委託基本契約書

債権管理回収業務委託基本契約書

　委託者○○○農業協同組合を甲とし、受託者　系統債権管理回収機構株式会社を乙として、甲および乙は、次のとおり債権管理回収業務委託基本契約（以下「本契約」という。）を締結した。

第1条（基本契約）
　甲は、甲が保有し、かつ債権管理回収業に関する特別措置法により債権回収会社への管理回収業務の委託が認められる債権について、本契約に定める有効期間中、乙に対し、債権管理回収業務を委託するときは、甲および乙は、本契約の各条項に従うものとする。

第2条（個別契約）
1　甲が本契約に基づく管理回収業務を乙に委託するときは、甲および乙は、協議の上、委託の対象となる債権（以下「委託債権」という。）を確定する。
2　前項により委託債権が確定したときは、甲は、遅滞なく別に定める様式による委託債権明細を作成して乙に提出する。
3　甲乙間における個別の委託契約（以下「個別契約」という。）は、前項の委託債権明細に記載された委託債権群ごとに成立するものとする。
4　個別契約には、本契約の規定を適用する。ただし、個別契約において甲および乙が本契約の規定と異なる定めをしたときは、当該個別契約には、当該定めを本契約の規定に優先して適用する。

第3条（委託する債権管理回収業務の範囲）
　乙は、委託債権ならびにこれを担保する保証債務履行請求権および担保権その他委託債権に付随する一切の権利（以下「対象資産」という。）について、以下の業務（以下「委託業務」という。）を善良なる管理者の注意義務をもって行う。
　① 別紙1に定める対象資産の管理・回収業務
　② ①に付帯する業務

＜使用方法＞

　農協が系統債権管理回収機構会社に債権管理回収業務を委託する際に、委託する業務の範囲等基本的な事項を取り決めるものである。

＜課否判断＞

　不課税

＜理　　由＞

　債権管理回収業務の委託は委任契約であり、課税文書には該当しない。

　受託者から委託者に対して定期的に委託債権に関する回収状況の報告を行うことになっているが、これは受託者としての必然的な業務の一環であり、このことをもって請負契約に該当することにはならない。したがって、この文書は第2号文書には該当しない。

　また、債権管理回収機構は債権管理回収業に関する特別措置法（弁護士法の特例法であり、所管は法務大臣）に基づく会社であり、金融機関には当たらない。したがって、「金融機関の業務の委託」には該当しないため、この基本契約書は第7号文書にも該当しない。

14 債権管理回収業務委託個別契約書

> **債権管理回収業務委託個別契約書**
>
> 　委託者　　農業協同組合を甲とし、受託者系統債権管理回収機構株式会社を乙として、甲および乙は、甲乙間の平成　　年　　月　　日付債権管理回収業務委託基本契約（以下「基本契約」という。）に基づき、次のとおり債権管理回収業務委託個別契約（以下「本契約」という。）を締結した。
>
> 第1条（委託債権）
> 　本契約に基づく委託の対象となる債権（以下「委託債権」という。）は別紙1「委託債権明細書」に記載されたとおりとする。
>
> 第2条（委託手数料）
> 　甲は、乙に対し、委託業務遂行の対価として、別紙2「委託手数料」のとおり委託手数料を支払う。

＜使用方法＞

　農協が系統債権管理回収機構会社に債権管理回収業務を委託する際に、基本契約に基づき個々の契約を結ぶときに作成するものである。

＜課否判断＞

　不課税

＜理　　由＞

　債権管理回収業務の委託は委任契約であり、課税文書には該当しない。

事例編③ ＊貸出関係文書の取扱い

|15| 組合員勘定取引約定書

組合員勘定取引約定書

平成　　年　　月　　日

甲　　住　所
　　　氏　名　　　　　　農業協同組合　㊞

乙　　住　所
　　　氏　名　　　　　　　　　　　　　㊞

　　農業協同組合を甲とし，　　　　　　を乙として当事者間の組合員勘定取引につき，乙は甲に別に差入れた平成　　年　　月　　日付農協取引約定書の各条項を承認のうえ，下記の通り約定を締結します。
（申込書，営農計画書の提出）
第1条　乙はこの取引を開始するにあたり，甲が別に定める「組合員勘定契約申込書」ならびに「営農計画書」（以下これらを営農計画等という。）を毎年　　月　　日までに甲に提出します。
　　　　ただし，甲が認めたときは，前に提出した営農計画書で代替することができるものとします。
（営農計画の変更）
第2条　乙が営農計画の変更を申し出たとき，または甲が営農計画の実施が困難と認めたときは，甲と乙は協議により変更することができます。
（取引の範囲と資金貸越限度額の決定）
第3条　甲は，乙と協議のうえ前2条により甲に提出された「営農計画書」にもとづく取引の範囲および資金貸越限度額を決定し，その取引は組合員勘定（以下，この勘定という。）を通じて行ないます。
　②　甲は，組合員勘定取引通知書により，資金貸越限度額を乙に通知します。
（農畜産物の販売）
第4条　乙が販売する農産物は，営農計画書等にもとづき甲に販売または販売を委任します。
（委　任）

287

第5条　乙は，甲から請求があったときは，いつでも乙が甲以外の者から受取るべき資金等について，代理受領権を甲に委任します。

（受　入）

第6条　この勘定に受入れするものは，次に掲げるものとします。
1. 第4条の販売または販売を委託した農畜産物の代金，その他甲を通じて支われる販売代金等。
2. 前条より委任した資金等。
3. 甲が乙に貸付金（ただし，甲が別に定めるものを除く）および乙が受取るべき農業共済金，補助金等。
4. 前各号のほか，乙および乙以外の者から現金または振込みによる受入金等。

（供　給）

第7条　この勘定から，供給（払い出し，または貸越）を受けるものは，次に掲げるものとします。
1. 営農のための必要な経営資金。
2. 生活のために必要な家計資金。
3. 負債償還金。
4. 甲に払込むべき払込金。
5. 第6条の受入額のうちから，乙が別に依頼または承諾した資金の積立。

②　前項による供給は，第6条により受入した預り額からの払出しによることとし，預り額を超過して供給するときは，その超過額は，甲から乙に対する貸越額とします。

③　第1項第3号および第4号の金額は，それぞれの期限が到達したつど決済します。

ただし，受入額が貸越額を超えて預り額となったときは，乙の申出により，甲，乙協議のうえ，期限到来前に決済することができます。

（差引計算）

第8条　前6条により受入れた金額は，受入れのつど第7条に掲げる金額と次により差引計算します。
1. 受入れた金額は，この勘定が貸越となっているときは，貸越額と相殺し，または，貸越額の弁済に充当します。
2. 受入れた金額が貸越額を超過したときは，預り額とします。

（確　認）

第9条　この勘定の取引は，甲の所定の方法により「組合員勘定受払通知書」を

もって通知をうけ，その内容を確認します。
　②　甲が，必要と認め，乙にこの勘定の取引内容および取引残高の確認を求めたときは，ただちにこれに応じます。

（利　　息）
第10条　この勘定の利息の計算は，甲の所定の方法によるものとし，利率は預り額に対して年　　％，貸越額に対して年　　％とします。
　②　前項の預り額に対する利率は，甲において貯金利率の改訂を行ったとき，また，貸越額に対する利率は，経済情勢の変動に応じ甲において必要と認めて改訂したときは，乙は改訂された内容につき異議なく承諾します。
　③　利息の支払いは，毎年度第12条に定める精算基準日までの利息額を計算し，基準日に起算して預り額に対する利息は，この勘定に振込し，貸越額に対する利息は，この勘定から引落す方法により行います。

（契約期間および解約）
第11条　この契約期間は，契約日より始まり，期間を定めないものとします。
　　　　ただし，契約期間中に乙から書面により解約の申し出があったときは，この契約は解約されるものとします。

（精　　算）
第12条　この勘定の精算は，甲の事務所で行ない，その精算は，毎年　　月　　日を基準日とし，同日までの貸越額について，甲が定める期間以内に精算します。
　②　ただし，甲が認めた場合は，前項による貸越の全部もしくは一部について精算しないことができるものとし，その方法は貴組合所定の手続きで行われることとします。また，この契約が解約されたときは，解約の日に精算します。

（担　　保）
第13条　乙は，甲が債権保全のため必要と認め，請求したときはこの約定にもとづく取引の債務を担保するため，乙の資産に根抵当権を設定し，または甲が承認する保証人をたてるものとします。

（解約要件）
第14条　乙は，次の各号のいずれかに該当したときは，この契約が解約されたものとします。
　　1.　農協取引約定書第5条第1項に該当したときは，甲から通知催告等がなくても当然解約されたものとします。
　　2.　農協取引約定書第5条第2項に該当したときは，甲の請求により解約

>　　されたものとします。
> （関連規程の遵守）
> 第15条　乙は，甲の定める定款，規約，組合員勘定取扱要領およびこの取引に関連のあるその他の規程要領の各規定を遵守するものとします。

＜使用方法＞

　農協の組合員が，農協に組合員勘定口座を開設し，農協との間に発生する貯金取引，購買代金の支払，および公共料金等の口座振替等の各種取引によって発生する債権債務の精算処理をこの口座で行っている。

＜課否判断＞

　　第1号の3文書　　200円

＜理　　由＞

　この取引契約書には、農産物の販売委託に関する事項と、貯金の貸越に関する事項などが記載されている。

　農産物の販売委託に関する事項は、売買の委託に関する2以上の取引を継続して行うために作成される契約書であるが、農協と組合員との間は営業者間の取引ではないので、第7号文書（継続的取引の基本となる契約書）には該当しない。

　また、貯金の貸越に関する事項は、普通貯金残高が不足する場合は所要の資金供与を行うこと等を約するもので、消費貸借契約に該当する。

　したがって、この文書は記載金額のない第1号の3文書（消費貸借に関する契約書）となる。

16 借入金償還についての念書

念　書

　私は貴会から借用した職員厚生資金貸付金（　　　　　資金）の償還金に充てるため、約定払込日（償還日）に下記により処理されても異議なく、後日のために本証を差入れます。

記

1. 私が頭書の用件にて払込む金額を私の貴会にある従業員預り金から充当されても異議ありません。
2. 前項の引き落しに当り、私は従業員預り金残高が不足することのないように注意し、貴会にご迷惑をかけません。
3. 本念証の有効期限は、私が借用している職員厚生資金貸付金を完済するまでとします。

　　平成　　年　　月　　日

　　　　住　所
　　　　氏　名　　　　　　　　　　㊞

信用農業協同組合連合会　御中

＜使用方法＞

　農協職員が勤務先である農協から職員厚生資金の貸付けを受ける際に、その返済を従業員預り金から期日に天引き充当することを承諾する旨の念書を提出することとしている。

＜課否判断＞

　　第1号の3文書　　200円

＜理　　由＞
　この文書は，農協職員が自己の勤務する農協からの借入金について，農協に有する従業員預り金から天引きして償還に充当することの承諾を内容としたものであるから，消費貸借金額の返還方法を証すべき文書となり，第1号の3文書に該当する。
　なお，この文書には借入金額が具体的に記載されていないので，契約金額の記載のない第1号の3文書に該当し，税率は200円である。

17 債務確認の念証

```
                念      証

  債務者        （以下甲という）が，平成　年　月　日付金
銭消費貸借契約書に基づき信用農業協同組合連合会（以下乙という）
から金        円也を借用した債務については，甲は真実の債務者で
あることを確認し，甲の責任において支払い，乙に対し名義貸等の主張
をいっさいいたしません。
  連帯保証人           は，上記の事実を確認し，乙に対し甲が
名義貸をしたものである等の主張をいっさいいたしません。

  後日のためこの念証をさし入れます。

      平成　年　月　日
              住    所
              債 務 者                    ㊞


              住    所
              連帯保証人                  ㊞
              住    所
              連帯保証人                  ㊞

信用農業協同組合連合会　御中
```

＜使用方法＞

　貸出金が名義借り等による不健全なものでないことの確認を求めるため，既往の借出金について，債務者および連帯保証人のそれぞれから，債務者および連帯保証人が真正なものであることの確認をした念証を徴求している。

＜課否判断＞
　不課税
＜理　　由＞
　この文書は，既往の消費貸借契約について債務者および連帯保証人が，それぞれ真実の債務者および連帯保証人であることを単に確認しただけの文書であって，消費貸借契約についての，基通別表第2「重要な事項の一覧表」に掲げる内容の補充，または変更の事実を証明する目的で作成された文書ではないから，課税文書に該当しない。

18 農協取引約定書の変更証書

証

平成　年　月　日

農業協同組合　御中

　　　　　　　　　住　所 ＿＿＿＿＿＿＿＿＿＿
　　　　　　　　　本　人 ＿＿＿＿＿＿＿＿＿㊞

　私は，別に差し入れた農協取引約定書の一部を下記のとおり変更ならびに追加することを承諾します。また，私が別に金銭消費貸借契約書，手形借入約定書，担保差入証，当座勘定借越約定書，経済資金勘定借越約定書，＿＿＿＿＿＿＿＿＿＿を貴組合に差し入れている場合には，これらの約定書の各条項の一部についても，下記のとおりに変更ならびに追加することを承諾します。
　なお，上記による変更ならびに追加が，今後の取引についてはもちろん，既往の取引についても適用されることを承諾します。

記

1. 農協取引約定書の変更ならびに追加
　（適用範囲）──第1条
　① 手形貸付，手形割引，証書貸付，当座貸越，債務保証，購買未収，販売仮渡，保証委託，その他いっさいの取引に関して生じた債務の履行については，この約定に従います。
　② 私が振出，裏書，引受，参加引受または保証した手形を，貴組合が第三者との取引によって取得したときも，その債務の履行についてこの約定に従います。
　（期限の利益の喪失）──第5条
　① 私について次の各号の事由が一つでも生じた場合には，貴組合から通知催告等がなくても貴組合に対するいっさいの債務について当然期限の利益を失い，直ちに債務を弁済します。
(1) 私または保証人の貴組合に対する貯金その他の債務について仮差押，保全差押があったとき。
((2), (3) 省略)
　① 私が振出，裏書，引受，参加引受もしくは保証した手形または私が貴組合に差し入れた証書が，事変，災害，輸送途中の事故等やむ

をえない事情によって紛失，滅失，損傷または延着した場合には，貴組合の帳簿，伝票等の記録に基づいて債務を弁済します。なお，貴組合から請求があれば直ちに代り手形，証書を差し入れます。

　　この場合に生じた損害については貴組合になんらの請求をしません。

② 私の差し入れた担保について前項のやむをえない事情によって損害が生じた場合にも，貴組合になんらの請求をしません。

③ 万一手形要件の不備もしくは手形を無効にする記載によって手形上の権利が成立しない場合，または権利保全手続の不備によって手形上の権利が消滅した場合でも，手形面記載の金額の責任を負います。

④ 手形，証書の印影を，私の届け出た印鑑に相当の注意をもって照合し，相違ないと認めて取引したときは，手形，証書，印章について偽造，変造，盗用等の事故があってもこれによって生じた損害は私の負担とし，手形または証書の記載文言にしたがって責任を負います。

⑤ 私に対する権利の行使もしくは保全または担保の取立もしくは処分に要した費用および私の権利を保全するため貴組合の協力を依頼した場合に要した費用は，私が負担します。

(経過措置)──第15条
第１条に掲げる諸取引に基づき私が貴組合に対しこの契約日現在すでに負担しているいっさいの債務についても，この約定が適用されることを承認し，この約定と既約定との内容が低触するものについては，この約定書の条項に従います。

　上記のほか(1)　第３条第１項の利息の次に「割引料，保証料」を追加する。
　　　　　　(2)　農協取引約定書中「債務者」を「私」に変更する。
２．金銭消費貸借契約証書　　　　　　　の変更と追加
　　上記約定書の期限の利益の喪失条項を，前記１農協取引約定書第５条（期限の利益の喪失）と同文に変更する。
　　ただし，次の約定書については本証による約定変更は行なわない。
　① 公正証書による約定書
　② 平成　　年　　月　　日付金銭消費貸借契約証書
３．その他の約定書の変更

＜使用方法＞

　借入者がすでに農協に差入れしてある農協取引約定書についての約定の一部を変更または追加する場合に、この念証を徴求している。

＜課否判断＞

　　第1号の3文書　　　200円

＜理　　由＞

　第7号文書（継続的取引の基本となる契約書）に該当するのは、「金融機関に対する一切の債務について包括的に履行方法その他の基本的事項を定める契約書」に限られている。

　したがって農協取引約定書は、農協に対する一切の債務について履行方法等の基本的事項を包括的に定めたものであるから、第7号文書となるが、この文書の一部を変更する契約書は第7号文書に該当しない。

　なお、この文書は、農協取引約定書の適用範囲、期限の利益喪失条項など消費貸借についての重要事項についての変更を内容としているので、第1号の3文書に該当することになる。

19 念 書

```
            念　書

  農業協同組合殿

    私は貴農協より平成　年　月　日付金銭消費貸借
  契約に基づき、　　　資金として約定利率
  ％、金　　円也の融資を受けておりますが、将来
  公定歩合の変更、貯金金利の変更等の金融情勢の変
  動により、貸付実行金利の上昇等があった場合は本
  貸付金についても、一般に適用される金利に変更す
  ることに同意致します。
                  平成　年　月　日

  債務者　　住　所　_____
           氏　名　_____㊞
  連帯保証人　住　所　_____
             氏　名　_____㊞
  連帯保証人　住　所　_____
             氏　名　_____㊞
```

＜使用方法＞

　農協は設備資金等の大口融資について、長期プライムレートに一定割合を上乗せした変動金利を適用しているが、融資に際し金利変動について借入者から同意書の提出を受けている。

＜課否判断＞

　第1号の3文書　　200円

＜理　由＞

　印紙税では、念書、覚書、承諾書など名称のいかんを問わず、契約の成立、更改、内容の変更または補充の事実を証明する目的で作成される文書は契約書として取扱うこととされている。

　また、文書にその内容を特定するために他の文書を引用した場合は、その引用された他の文書の内容は、その文書に記載されているものとしてその文書の内容を判断し、何号文書に該当するか判断される。

　この文書は、「　年　月　日付金銭消費貸借契約に基づき……」と記載されており、引用した第1号の3文書（消費貸借契約に関する文書）の内容を記載するものとして取扱われる。また、この文書の内容は、引用された金銭消費貸借契約について借入利率の変更を定めており重要事項の変更に関する契約書となる。なお、この文書には、借入金額が記入されているが、別にその債務金額を確定させた契約書が他に存在することも明らかにされているので、記載金額のない契約書として取扱われる。

20 債務承認書（その1）

```
           債 務 承 認 書

                      平成　　年　　月　　日

            住　所　＿＿＿＿＿＿＿＿＿＿＿＿
            氏　名　＿＿＿＿＿＿＿＿＿＿＿＿

    農業協同組合
  代表理事　　　　殿

  貴組合における，私の購買未収金残高は下記の通り相違ないことを確認し，
  この金額を平成　　年　　月　　日までに返済することを承認します。

  残高基準日　平成　　年　　月　　日
```

種　別	未収金残高	利息残高	合　計	備　考
合　計				

<使用方法>

　経済事業の未収金残高の大きい取引先から2～3年ごとに債務承認書の提出を求め，期限までに返済がないときは，貸付金に借替えをしている。

<課否判断>

　1号の3文書　債務承認合計額に対応する階級税率

<理　由>

　経済事業取引にかかる債務金額を承認し，併せてその返済期日を約するものは，第1号の3文書になる。債務金額は，この文書により承認した未収金残高および利息残高の合計額となる。なお「○年○月○日付金銭借用証書に基づく債務金○万円」のように債務金額を確定させた既存の契約書が存在していることを文書上に記述しているときは，記載金額のない文書として取扱われる。

21 債務承認書（その2）

債 務 承 認 書

平成　年　月　日

農業協同組合　御中

被相続人
　住　所
　氏　名

相続人
　住　所
　氏　名　　　　　　（実印）
　住　所

連帯保証人
　氏　名
　住　所　　　　　　（実印）

　　　農業協同組合に対し平成　年　月　日現在下記債務を負担していることを承認いたします。

記

1. 承認する債務の内容

債 権 の 種 類	(日)	(月)	(火)
貸 出 実 行 日			
貸 出 金 額			
元 金 残 高			
利　　　　息			
損 害 金			

（注）日付は必ず記載して、自署、押印して下さい。

＜使用方法＞

　債務者が死亡した場合に、現在の債務を承認してもらうため、農協が相続人及び連帯保証人に提出してもらう文書である。

＜課否判断＞

　不課税

＜理　　由＞

相続人は被相続人（債務者）の債務を当然に引き継ぐもの（いわゆる単純承認）であり、債権者（農協）に対して債務引受の意思表示をする必要もないから、債務引受に関する契約書（第15号文書）には該当しない。

　なお、連帯保証人が署名押印しているが、主たる債務の契約書に併記されたものであり、第13号文書にも該当しない。

22 審査結果の通知

申込審査結果のお知らせ

平成　年　月　日

　　　　様

○○農業協同組合

　貴殿よりご依頼のありました申込審査の結果は、下記の通りですのでお知らせいたします。

記

ご提出いただきました書類を審査の結果、
1、　ご融資の取組みは可能と判断されますので、借入手続をお進めください。
2、　下記の条件を充たすことを前提に、ご融資の取組みは可能と判断されますので、借入手続をお進めください。
3、　残念ながら総合的判断により、ご融資の取組みはいたしかねますので、書類をご返却いたします。

申込人名	様		
借入希望額	万円	期間	年　ヶ月
条件等	・融資対象物件・同敷地に基金協会順位第1位の抵当権設定をして下さい。 ・金額は債権額以上または時価額、期間は最終償還期限より長期間の火災共済（長期特約付）に加入のこと（協会質権設定第1位） ・敷地は宅地に地目変更して下さい。（地番　－　） ・融資対象物件の所在地に住所変更登記をして下さい。 ・給与振込をして下さい。		

◎　上記はあくまでも申込審査結果のご通知するものであり、ご融資をお約束するものではありません。なお、融資実行の際に今回ご記入いただいた内容と相違・変化が生じた場合等には、「ご融資の取組みは可能」とご通知した場合でも、ご融資をお断りする場合がございますので、予めご了承ください。

＜使用方法＞

　借入れの申込みを受けた際，事前に一定の基準に適合するかどうかの審査を行い，その審査結果を通知するとともに，借入れ手続きの案内をするために作成する文書である。

＜課否判断＞

　不課税

＜理　　由＞

　この文書は，借入れの申込みを受けた者に対して，事前に一定の基準に適合するかどうかの審査結果を通知し，基準に適合する場合には，併せて借入れ手続きの案内をするために作成する文書であり，課税文書には該当しない。

　なお，このような文書で，「融資の取組みは可能と判断する」旨の文言だけ記載し，借入れ手続きの案内をする文言がないものは，消費貸借契約の予約として第1号の3文書に該当することになるので，必ず借入れ手続きの案内文言を記載するよう注意する必要がある。

23 融資証明書

```
                    融資証明書

    農業協同組合  御中

 当社は，貴組合に対して下記融資申込みをしておりますが，融資の用意があることを証明願
 います。
                        記
 1．金額（借入限度額）    金           円
 2．資金使途                         資金
 3．証明書の提出先      農業委員会
 4．借入日          平成    年   月   日
 5．借入形態         証書借入金
 6．最終期限         平成    年   月   日

  平成   年  月  日
                     住所
                     氏名                 印
                                           以上

 上記については，当組合貸出要領に合致し，融資することに決定しておりますことを証明致します。

  平成   年  月  日
                              農業協同組合
                              代表理事組合長
```

<使用方法> 借入れの申込みを受けている者から，契約が行われる前に，融資が行われることの証明を依頼された場合に作成する文書である。

<課否判断> 不課税

<理　　由> この文書は，融資の申込みを行っている者に対して，融資を行う旨を証明する文書であるから，内容的には第1号の3文書に該当する。

　しかし，この文書にはこの証明書の提出先の記載欄があるので，提出先が記載されている場合は，契約当事者以外の者に提出する文書として不課税文書として取り扱われることになる。なお，このような証明書を契約当事者以外の者に提出する場合であっても，提出先の記載がない場合（記載欄があっても記載していない場合も含まれる）は，この取扱いは適用されず，課税文書となるので注意が必要である。

24 手形貸付計算書

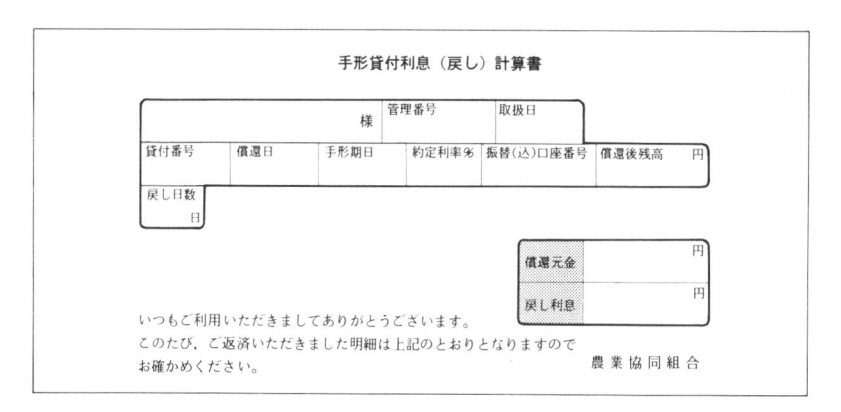

```
                    手形貸付利息（戻し）計算書

                              様   管理番号    取扱日

 貸付番号  償還日   手形期日  約定利率‰ 振替(込)口座番号  償還後残高  円
 戻し日数
        日
                                        償還元金           円
                                        戻し利息           円
 いつもご利用いただきましてありがとうございます。
 このたび、ご返済いただきました明細は上記のとおりとなりますので
 お確かめください。                              農 業 協 同 組 合
```

＜使用方法＞

利息前取り形式の手形貸付について，満期日前に返済があった場合に，その戻し利息の計算内容を通知するために作成するものである。

＜課否判断＞

　第17号の2文書　　　200円

　ただし，出資者に対し交付するものは非課税

＜理　　由＞

この計算書は，手形貸付の期限前償還に伴う戻し利息の計算内容を表示したものであるが，「このたび，ご返済いただきました明細は……」という記載文言とともに，「償還元金」という表示があるところから，単なる戻し利息の計算結果の通知文書というよりも，貸付金の受取り時に，その受取りの事実を証明するために作成されたものと認められるので，第17号の2文書に該当することとなる。

なお，この文書が金銭の受領時に作成し交付されるものでなく，単に戻し利息の計算結果を通知するために作成されるものであれば不課税であるが，その場合は，文書中の「ご返済いただきました……」という文言も必然的に，「上記のとおり振替え引落しました」というようになる。

25 手形書替通知

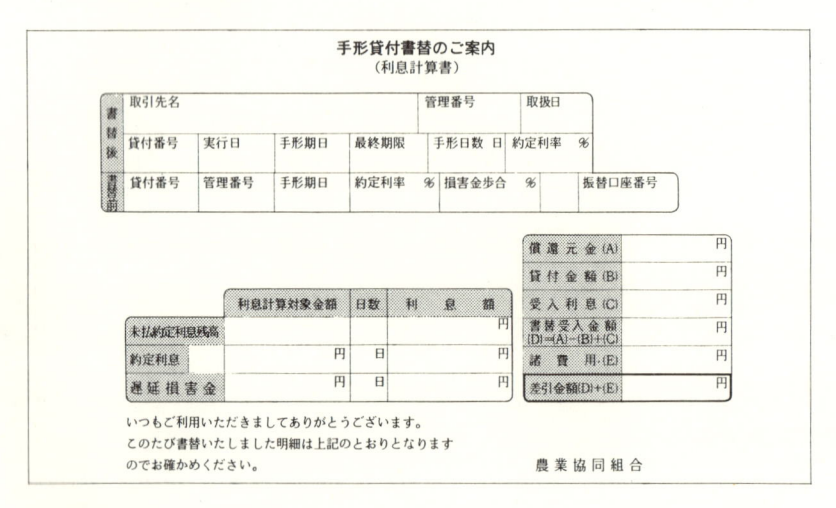

手形貸付書替のご案内
（利息計算書）

書替後	取引先名			管理番号		取扱日	
	貸付番号	実行日	手形期日	最終期限	手形日数 日	約定利率 ％	
書替前	貸付番号	管理番号	手形期日	約定利率 ％	損害金歩合 ％	振替口座番号	

	利息計算対象金額	日数	利　息　額
未払約定利息残高			円
約定利息		円　日	円
遅延損害金		円　日	円

償還元金 (A)	円
貸付金額 (B)	円
受入利息 (C)	円
書替受入金額 (D)=(A)−(B)+(C)	円
諸費用 (E)	円
差引金額 (D)+(E)	円

いつもご利用いただきましてありがとうございます。
このたび書替いたしました明細は上記のとおりとなりますのでお確かめください。

農業協同組合

＜使用方法＞

手形貸付について書替えをした場合に，その書替え後の手形貸付の内容と書替利息の受入額を債務者に通知することとしている。

＜課否判断＞

第17号の1文書　　受入利息額に応ずる階級定額税率

ただし，出資者に対するものは非課税

＜理　　由＞

この「ご案内」文書は，手形貸付にかかる書替処理が終了した後で，その書替え内容と書替利息の計算結果を債務者に通知するものであるが，この文書には「償還元金」，「受入利息」，「書替受入金額」などの項目が表示されており，書替利息の計算内容を貸出先に通知するというよりも，金銭の受取り事実を証明するために作成されたものと解される。

したがって，この「ご案内」文書は，貸付利息の受取書となり，第17号の1文書に該当することとなる。

26 貸付金入金通知書

```
                    貸付金入金通知書    日付
  〒

                                       扱

                様    いつもご利用いただきありがとうございます。
                      下記のとおり入金いただきました。

  | 利用者コード | 実 行 番 号 | 決 済 日 | 資 金 名 |
  | 貸 付 残 高 | 約 定 元 金 | 約 定 利 息 | 保 証 料 |
  | 自動振替区分 | 仮科目・口座番号 | 留保金利息 | 払込期日 | 差引入金額 |
```

＜使用方法＞

　貸付金の償還期日に約定元金，約定利息および保証料などの入金があった場合に，その入金の事実と入金額の明細を貸出先に通知するために作成するものである。

＜課否判断＞

　第17号の1文書　　約定利息の金額に応ずる階級定額の税率

　ただし，出資者に対し交付するものは非課税

＜理　　由＞

　この入金通知書は貸付金に係る約定元金，約定利息などの受領事実を証明するためまたは貯金口座からの自動振替による入金結果を貸出先に通知するために作成するものであるから，金銭の受取書となり，第17号の1文書に該当する。

27 貸出金計算書

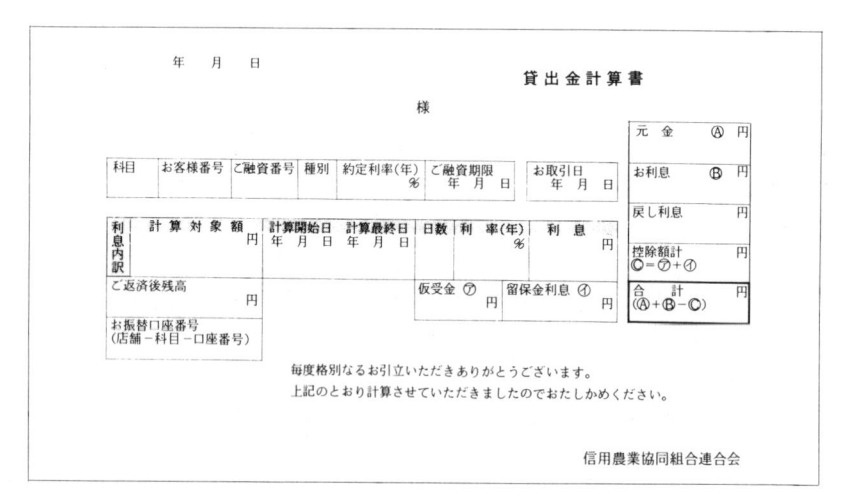

<使用方法>

　信連が貸出先から貸付金の元金の内入れを受けたことによって，戻し利息を返戻する場合または約定利息を徴する場合に，この貸出金計算書を作成し，利息等の計算内容を貸出先に通知することとしている。

<課否判断>

　不課税

<理　　由>

　この計算書は，貸付金の一部内入に伴う戻し利息金額の計算内容，または仮受金，貸付留保金利息の処理内容もしくは貸付利息金額の計算内容を貸出先に通知するものであって，金銭または有価証券の受取り事実を証明するためのものではないので，受取書には該当せず，課税文書には該当しない。

　なお，左欄の「ご返済後残高」は，疑念が生ずる余地があるので「処理後残高」に変更することが望ましい。

事例編③＊貸出関係文書の取扱い

28 証書貸付利息計算書

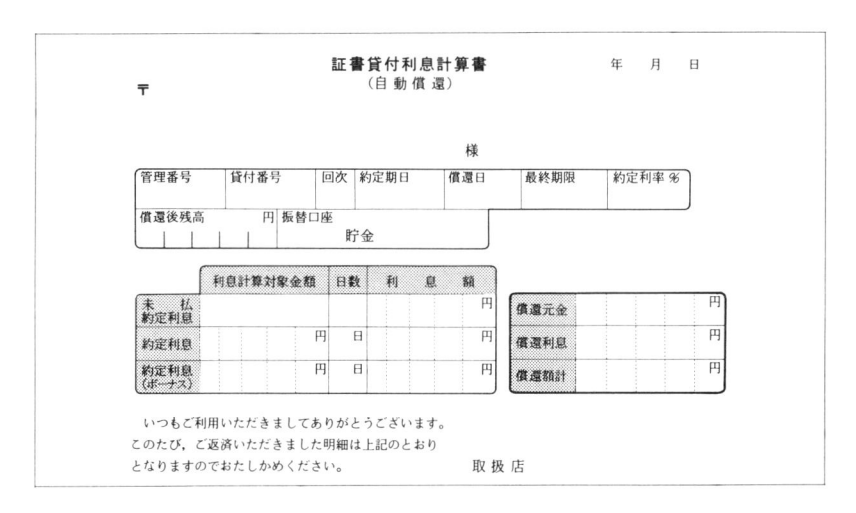

```
                    証書貸付利息計算書          年  月  日
                      （自 動 償 還）
    〒
                                    様

  管理番号  貸付番号  回次  約定期日  償還日  最終期限  約定利率 %
  償還後残高       円  振替口座
                        貯金

         利息計算対象金額  日数  利 息 額
  未  払                              円   償還元金          円
  約定利息
  約定利息          円   日        円   償還利息          円
  約定利息          円   日        円   償還額計          円
  （ボーナス）

  いつもご利用いただきましてありがとうございます。
  このたび，ご返済いただきました明細は上記のとおり
  となりますのでおたしかめください。        取扱店
```

＜使用方法＞

　証書貸付について，貸出先よりあらかじめ貯金口座からの自動引落し契約を締結しているものについては，払込期日に自動振替処理をしたのち，取引先へその利息の計算内容を通知するため交付している。

＜課否判断＞

　　第17号の１文書　　償還利息金額に応ずる階級定額の税率

　　ただし，出資者に対し交付するものは非課税

＜理　　由＞

　この計算書は，払込期日に引落処理した利息の計算内容を取引先に通知するために作成されたものであるが，記載文言に「このたび，ご返済いただきました明細は上記のとおり……」とあり，かつ，記載金額欄には「償還元金」，「償還利息」，「償還額計」の項目が表示されているところから，貸付金の回収の事実を証明する目的で作成されたものとも認められる。

　したがって，この文書は，金銭の受取書となり，第17号の１文書に該当する。

なお，この計算書が「自動引落しの事実」と「計算結果の通知」を目的としたものであれば，不課税であるが，その場合は記載文言も必然的に「上記のとおり引落しました……」と，また記載金額欄も「約定元金」,「約定利息」,「合計額」となる。

29 貸付金引落通知書

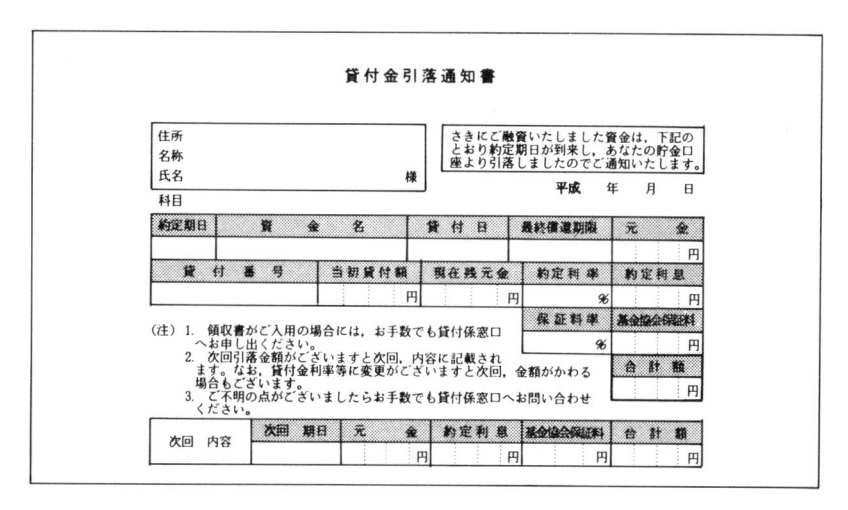

<使用方法>

証書貸付について,貸出先が貯金口座からの自動引落しを希望した場合は,コンピュータでセンターカットの方法により償還処理をしたのち,貸出先へその処理結果を通知するため作成している。

<課否判断>

不課税

<理　由>

この文書は,口座振替の方法により証書貸付の元金および約定利息を引落した旨を通知するものであって,事務処理結果の連絡文書にすぎず金銭の受取りの事実を証明するものではないから,第17号文書に該当しない。

30 貸付金利息計算書

<使用方法>

　農協が貸出先から元金および約定利息の払込みを受ける場合に，この利息計算書によって利息の計算内容を貸出先に通知することとしている。

<課否判断>

　不課税

<理　　由>

　この計算書は，貸付金の元利金について払込が行われる場合に，その金銭の受取り事実を証明する目的で交付するものではなく，払込期日における約定元金，約定利息および保証料などの金額を計算した結果を知らせるためのものであるから，課税文書に該当しない。

31 住宅金融支援機構貸付利息計算書

```
                住宅金融支援機構貸付利息計算書
    年  月  日
   ┌─────────────────┐
   │            様    │
   └─────────────────┘
   ┌─────────────────────────────┐
   │ 毎度御利用頂きありがとうございます。      │
   │ 御返済頂きました利息等は下記のとおりです    │
   └─────────────────────────────┘
```

貸付の明細	取引先番号	貸出番号	適用	起算日	繰上事由	償還合計金額	償還回数
	元 金	利 息	遅延損害金		償還期日		償還後残高
	次回償還日	次回償還元利金	最終期限	残償還回数	償還 資金		振替口座番号
	計算明細		計算開始日	計算終了日	日数	利率	金 額
		約定利息	～				
		遅延損害金	～				

　　　　　　　　　　　　住宅金融支援機構受託金融機関
　　　　　　　　　　　　信用農業協同組合連合会
　　　　　　　　　　　　農業協同組合

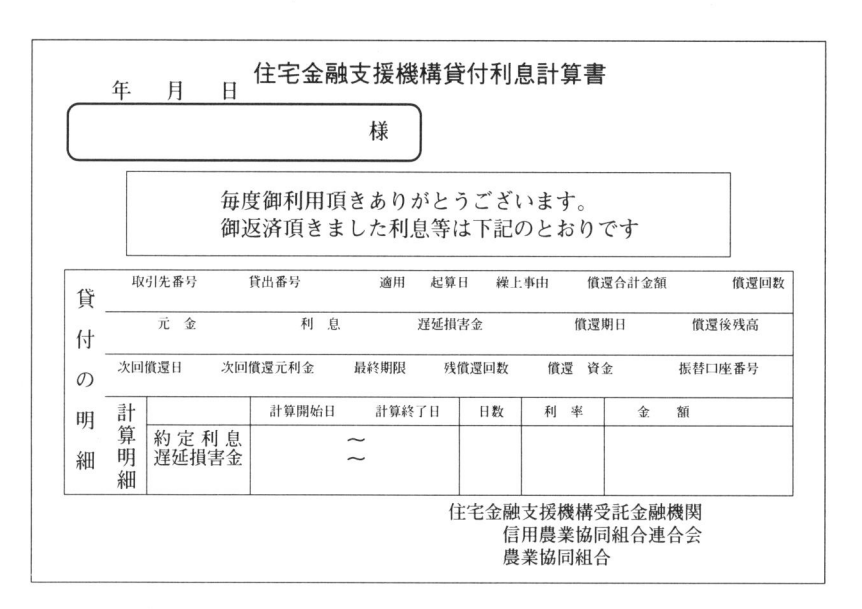

＜使用方法＞

住宅金融支援機構の住宅ローンについて，借入者から割賦返済金の払込みがあった場合に，借入者に交付している。

＜課否判断＞

第17号の1文書　　償還利息金額に応ずる階級定額の税率

ただし，出資者に対し交付するものは非課税

＜理　　由＞

この利息計算書は，貸付金に係る約定元金，約定利息などの計算内容とその受領事実を証明するため，または貯金口座からの自動振替による入金結果を貸出先に通知する文書である。したがって，この文書は貸付利息の受取書となり，第17号の1文書に該当する。なお，この文書の作成者は，住宅金融支援機構（別表第二に掲げる非課税法人）ではなく，その取扱機関である信連または農協であるから非課税の適用がないことに留意する。

32 貸付留保金利息計算書

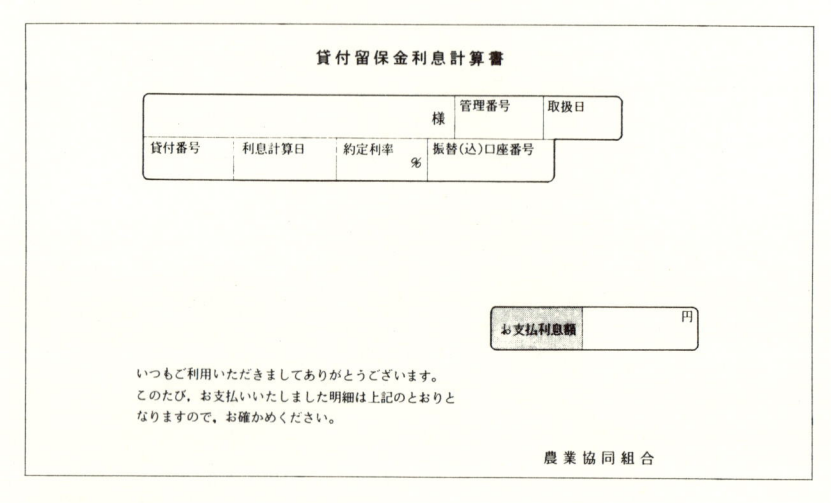

```
              貸付留保金利息計算書

        ┌─────────────────┬────────┬──────┐
        │              様 │ 管理番号 │ 取扱日 │
        ├──────┬──────┬───┴────────┴──────┤
        │ 貸付番号 │ 利息計算日 │ 約定利率 │ 振替(込)口座番号 │
        │      │        │    %   │              │
        └──────┴──────┴────────┴──────────┘

                              ┌──────────────┬──┐
                              │ お支払利息額    │ 円│
                              └──────────────┴──┘

  いつもご利用いただきましてありがとうございます。
  このたび、お支払いいたしました明細は上記のとおりと
  なりますので、お確かめください。

                                        農業協同組合
```

＜使用方法＞

　貸付留保金を全額払出した場合は貸付留保金利息を支払うこととなるが，この利息計算書は，その支払利息の計算内容および振込先口座番号等を取引先に通知するために作成するものである。

＜課否判断＞

　不課税

＜理　　由＞

　この計算書は，農協が貸付留保金利息を支払うにあたって，その計算根拠を取引先に通知するために作成するものであり，単なる利息計算書にすぎないから課税文書に該当しない。

事例編③＊貸出関係文書の取扱い

33 貸付金償還のご案内

<使用方法＞

証書貸付の貸出先に対し，その貸付金に係る払込期日と各払込期日ごとの約定元金，約定利息および貸付金残高などの明細を知らせるため作成し交付している。

<課否判断＞

不課税

<理　　由＞

このご案内文書は，貸出先に対し貸付金の各月ごとの償還予定額を知らせる資料として作成するものであって，消費貸借に係る契約の成立を証明する目的で作成したものではないので，課税文書に該当しない。

34 償還済の借用証書送付書

```
                              平成　年　月　日
              送　付　書

    _____殿
                              農業協同組合

  下記の金銭消費貸借契約証書を返却いたします。

                    記

  1. 債 務 者 名    _____
  2. 連帯保証人名    _____
  3. 借 入 金 額    _____円
  4. 契約証書日付    平成　年　月　日
  5. 貸 付 番 号    No._____
```

〈使用方法〉

　貸付金が全額返済になった場合に，償還済の金銭借用証書を借入者に返却する際に送付書を用いている。

〈課否判断〉

　不課税

〈理　　由〉

　この文書は，償還済となった貸付金の借用証書を債務者に返戻するための単なる送付状であるから，契約書に該当せず，また，課税事項が何ら記載されていないので課税文書に該当しない。

35 償還済の押印をした金銭借用証書

金銭消費貸借契約証書

(総合農協以外用)

(1)借　入　金　額	¥
(2)借入金の使途	
(3)利　　　　　息	年　％の割合とし，その計算方法は貴会の所定によります。
(4)最終弁済期限	年　　月　　日
(5)元金の弁済方法	後　　記
(6)利息の支払方法	毎年　　月　　日および　　月　　日とし，利息支払期日にその日までの利息を支払います。
(7)元利金の支払場所	貴会または貴会の指示した場所に持参して支払います。

債務者は，別に差し入れた金融取引約定書の各条項のほか，この特約条項を承認のうえ，上記条件により金銭を借用し確かに受領しました。
ついては，これらの約定および借入条件に従い債務の履行をします。

　　平成　　年　　月　　日　　　　　貸付実行日　平成　　年　　月　　日

　　信用農業協同組合連合会　御中

　　　　　　住　　　所
　　債務者　名　　　称
　　　　　　代表者名
　　　　　　または氏名　　　　　　　　　㊞

（償還済　2.5.1　信連）

＜使用方法＞

　証書貸付にかかる元利金の返済があった場合は，その金銭借用証書に「償還済」の文言と「償還日付」のあるスタンプ印を押捺して債務者に返戻している。

＜課否判断＞
　第17号の1文書　　受取った利息金額の合計額に応ずる階級定額税率
　ただし，出資者に対するものは非課税

＜理　　由＞
　金銭借用証書に「領収」，「完済」，「償還済」，「処理済」などの受取文言を表示して債務者に返戻した場合は，その貸付金に係る金銭の受取り事実を追記したものとみなされ，売上代金に係る金銭の受取書に該当する。この場合の税率は，借用証書に弁済方法，利息の支払方法および利率が記載されていることから，その利息額を計算したうえ，その金額に見合う階級定額税率により課税されることになる。

　なお，借用証書が不正に使用されることを防止する等の観点から，「無効」，「債務消滅済」等と表示したものや「PAID」の打抜き表示をしたものは，課税文書に該当しない。

36 償還済手形の受取書

```
                受　取　書

  農業協同組合　殿

          金額　手形1通（額面 1,800,000円）也

  （但し，償還済の約束手形）
  上記の手形正に受取りました。
    平成　　年　　月　　日              ○○工業株式会社
                                    取扱者　甲野太郎　㊞
```

＜使用方法＞

　手形貸付により農協が貸付先から徴求していた手形について，その貸付金が完済された場合または，手形の書替えにより書替後の手形を徴求した場合に，既往の手形を借入者に返却するとき，借入者から手形の受取書を徴している。

　なお，返戻する手形には，裏面の領収欄に償還済または書替済のスタンプ印を押印して返戻している。

＜課否判断＞

　不課税

＜理　　由＞

　完済後の手形または書替後の旧手形の受取書であっても，その手形が手形としての効力を有するものであれば，有価証券の受取書になり，第17号文書に該当する。しかし，手形の裏面の領収欄に受取りの事実を証明する記載をした場合には，手形としての効力が失われ，有価証券に該当しないから，その手形の受取り事実を証明するための受取書も課税文書に該当しないことになる。

37 貸付金完済証明書

くみあい住宅ローン完済証明書

平成　年　月　日

　　　　　　　　様

　　　　　　　　　　　　　　　信用農業協同組合連合会

　本会があなたに貸付けました，下記くみあい住宅ローンは完済となりましたことを証明いたします。

記

1. 当 初 貸 付 日	平成　　年　　月　　日	
2. 最 終 期 限	平成　　年　　月　　日	
3. 当 初 貸 付 金 額	金	円也
4. 完済日現在の元本残高	金	円也
5. 完 済 日	平成　　年　　月　　日	
6. 保 険 金 額	金	円也
7. 住宅ローン保証保険契約会社		
8. 住宅ローン保証保険証券番号	第	号

(注) この証明書と保険証券を損害保険会社へ提出して保証保険契約の解約の手続きと保険料の割戻しをおうけ下さい。

＜使用方法＞

　住宅貸付金が完済となった場合は，その住宅貸付金に係る損害保険会社の保証契約を解除する必要があるので，その保証契約の解約手続に必要な完済証明書を融資機関である信連が発行している。なお，償還時には，別に受取書が発行されている。

＜課否判断＞

　不課税

＜理　　由＞

　この完済証明書は，住宅貸付に係る損害保険会社の保証債務についてその保証契約の解約手続に必要な書類として融資機関である信連が発行するものであって，債務者に対し，金銭の受取り事実を証明する目的で作成されるものではないから，第17号文書に該当せず，課税文書にあたらない。

　なお，この文書が第三者に対する証明目的で発行されたものであることを明確にするため，書類の余白欄に「損害保険会社提出用」と表示することが必要である。

38 手形割引料計算書

手形割引料（戻し）計算書

			様	管理番号		取扱日	
貸付番号	償還日	手形期日	割引料率(%)	日数 日	振替(込)口座番号		

償還元金　　　　　　　　　円
戻し割引料　　　　　　　　円

いつもご利用いただきましてありがとうございます。
このたび，ご返済いただきました明細は上記のとおりとなりますので
お確かめください。

農業協同組合

＜使用方法＞

　割引手形について，満期日前に買戻しがあった場合に，戻し割引料の計算内容およびその振替口座を貸出先に通知するために作成するものである。

＜課否判断＞

　第17号の1文書　　　階級定額税率

　ただし，出資者に対し交付するものは非課税

＜理　　由＞

　この計算書は，割引手形について期日前償還があった場合に，その償還に伴って生ずる戻し割引料の計算内容を割引依頼人に通知するため作成するものであるが，計算書の記載文言に「ご返済いただきました明細は上記のとおり……」とあり，また「償還元金」の項目も表示されているところから，割引手形にかかる買戻金の受取り事実を証明する目的で作成された文書となり第17号の1文書に該当する。

39 割引手形入金通知書

<使用方法>

割引手形について、手形金額が期日入金、期日後入金または期日前の買戻等があった場合に、その入金の事実を証明するとともに、遅延利息および戻し割引料を計算してその内容を貸出先に通知するために作成するものである。

<課否判断>

第17号の2文書　　200円、買戻しの場合は第17号の1文書で階級定額税率

ただし、いずれも出資者に対し交付するものは非課税

<理　　由>

この計算書は、割引手形金額について、入金があった場合はその入金の事実を証明するとともに、その入金に伴って発生した遅延損害金または戻し割引料を計算して貸出先に通知する目的をもって作成されるものである。

したがって、この通知書は、金銭の受取りの事実を証明する文書と認められ、第17号文書に該当する。

なお、買戻しの場合は、手形の売買の対価であるから売上代金となる。

40 割引手形引落通知書

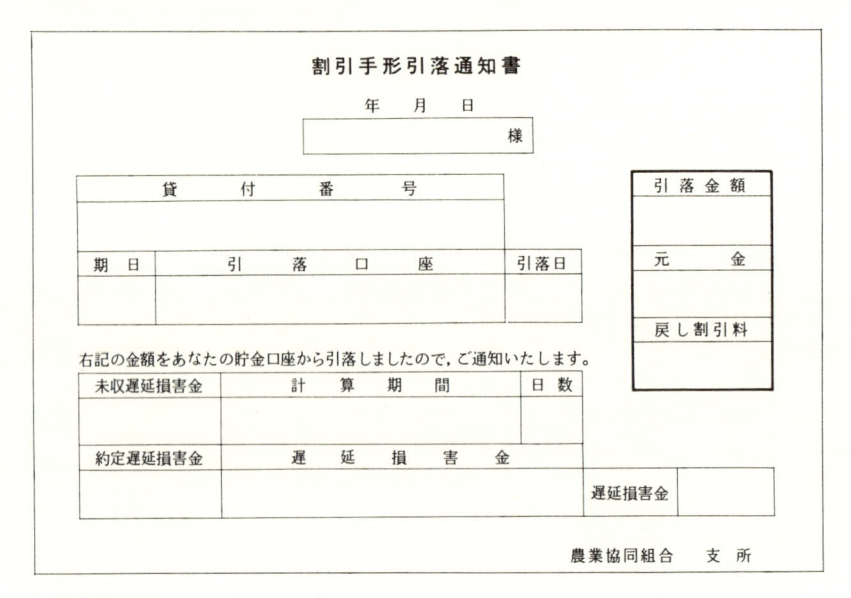

```
              割引手形引落通知書
                  年  月  日
              [            ] 様

   貸   付   番   号            引 落 金 額

   期 日   引 落 口 座   引落日      元    金

                                戻 し 割 引 料
   右記の金額をあなたの貯金口座から引落しましたので，ご通知いたします。
   未収遅延損害金   計 算 期 間   日 数

   約定遅延損害金   遅 延 損 害 金

                                遅延損害金

                        農業協同組合   支 所
```

<使用方法>

　割引手形について満期日が到来した場合，または期日前に買戻し依頼があった場合に，その割引依頼人の貯金口座から引落して償還したうえ，その引落した処理結果を貸出先に通知するため作成し交付している。

<課否判断>

　不課税

<理　　由>

　この通知書は，手形割引の依頼人の貯金口座から口座振替により引落した場合に，その引落しの事実をその取引先に通知するために作成するもの であって，事務処理結果の連絡文書にすぎず金銭の受け取りの事実を証明するものではないから，第17号文書に該当せず不課税文書となる。

事例編③＊貸出関係文書の取扱い

41 割引手形計算書

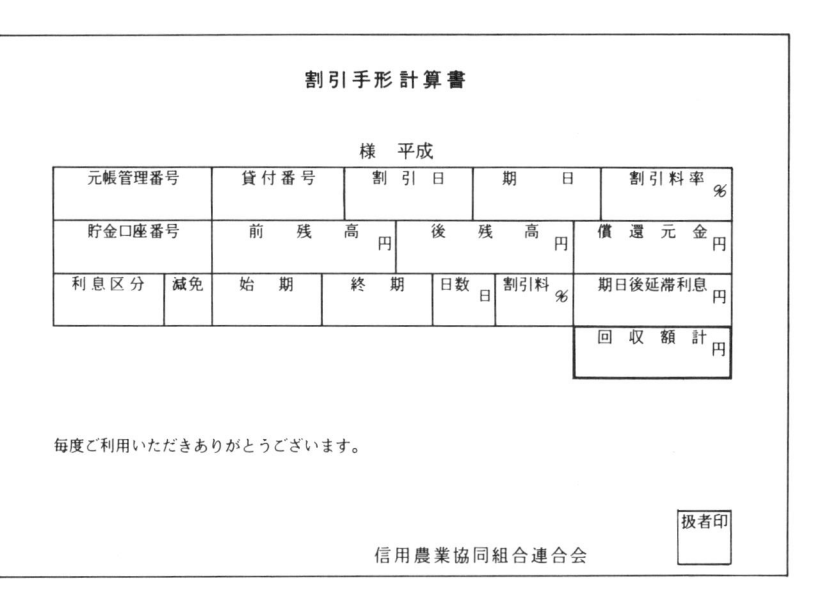

```
                割引手形計算書
                     様  平成
┌─────────┬───────┬─────┬─────┬─────────┐
│元帳管理番号  │貸付番号│割引日│期  日│割引料率 ％│
├─────────┼───────┼─────┴─────┼─────────┤
│貯金口座番号  │前 残 高  円│後 残 高  円│償還元金  円│
├─────┬───┼───┬───┬─┬─────┼─────────┤
│利息区分│減免│始期│終期│日数│割引料 ％│期日後延滞利息 円│
│        │    │    │    │  日│          ├─────────┤
│        │    │    │    │    │          │回 収 額 計  円│
└─────┴───┴───┴───┴─┴─────┴─────────┘

毎度ご利用いただきありがとうございます。
                                           扱者印
           信用農業協同組合連合会
```

<使用方法>

割引手形について，手形の満期日後に手形金の返済が遅延して行われた場合に，その遅延入金に伴って生ずる期日後遅延利息の金額を計算するとともに，それらの入金の事実を貸出先に通知するものである。

<課否判断>

第17号の1文書　　遅延利息の回収額に応ずる階級定額税率

ただし，出資者に対し交付するものは非課税

<理　　由>

この計算書は，割引手形について期日後入金があった場合の延滞利息の計算内容を通知するものであるが，この文書には「償還元金」，「回収額計」など貸出金の回収事実を証明する目的で作成されたものと認められる文言の記載があるので金銭の受取書に該当し，第17号の1文書となる。

42 割引手形の明細

＜使用方法＞

信連に手形割引を依頼する際に、当該割引手形の内容を記入した明細書を作成して割引手形と共に2通提出し、うち1通に信連が押捺して返戻している。

＜課否判断＞

第17号の2文書　　200円

＜理　由＞

この文書は、手形割引を信連に依頼するにあたって、その割引手形の詳細な内容を明らかな目的で作成したものであるから、信連がこの明細書に押捺して返戻した場合には、有価証券の譲渡に関する契約書（不課税）に該当するとともに、有価証券の受取書（第17号文書）にも該当する。

したがって、この文書は第17号の2文書となる。

43 農業改良資金事務委託契約書

農業改良資金事務委託契約書

　○○県(以下「甲」という。)は、農業改良資金助成法(昭和31年法律第102号)第3条第1項の貸付事業に係る事務を、○○○農業協同組合(以下「乙」という。)に委託するにつき、甲と乙との間に次の委託契約を締結する。

(委託業務)

第1条　甲は、乙に対し、農業改良資金助成法施行令(昭和31年政令第131号)第5条に掲げる事務を委託する。

2　甲は、農業改良資金の貸付けの事業に係る公金の収納の事務を、乙に対し、地方自治法施行令(昭和22年政令第16号)第158条第1項及び第165条の3第1項の規定により委託を行うものとする。

3　乙は、農業改良資金助成法、農業改良資金助成法施行令、農業改良資金施行規則、本契約書及び甲の指示するところにより前2項の事務を処理するものとする。

(償還金の収納)

第2条　乙は、納付者から納入通知書又は納付書により償還金の納入を受けたときは、これを領収し、領収書を交付するとともに、乙名義の農業改良資金専用口座を経由し、乙が領収した日から5営業日までに納入通知書(財務規則様式第22号)により指定金融機関に納付するものとする。ただし、約定償還にあっては、約定償還日から5営業日までに指定金融機関に納付するものとする。

2　乙は、前項の領収の際には収納代理金融機関として出納長に届け出ている領収印を使用するものとする。

(経理の明確化)

第3条　乙は、収納金の出納を明確にしておかなければならない。

2　乙は借受者ごとの貸付金額、償還時期、償還金額、保証人等貸付金の保全、取立及び収納に必要な事項を明らかにする帳簿を作成するものとする。

(委託手数料)

> 第4条　甲は、乙に対し、第1条の事務の委託につき委託手数料を支払うものとし、その額は次の各号に定めるところにより算定して得た金額の合計額とする。
> （1）当該年度内に返済を受けた償還金の累計額に対し0.405％に相当する額
> （2）前号に掲げる金額に消費税法（昭和63年法律第108号）第28条第1項及び第29条並びに地方税法（昭和25年法律第226号）第72条の82及び第72条の83に定める率を乗じて得られた金額
> 2　甲は、延滞（一時償還の請求をなし、弁済のないものを含む。）中の貸付金であって償還期日到来後6ヶ月を経過したものについて、その延滞額（違約金を含む）の一部または全部につき払込みがあったときは、乙に延滞取立奨励金を支払うものとし、その額はその払込額に対し100分の3を乗じて得た金額と当該金額に前項第2号に掲げる率を乗じて得た金額との合計額とする。

＜使用方法＞

県が農業改良資金の貸付事業に係る事務を農協に委託する際に作成する文書である。

＜課否判断＞

不課税

＜理　　由＞

県が貸付事業に係る事務を農協に委託する契約は委任契約であり、課税文書には該当しない。

なお、県は金融機関ではないから「金融機関の業務の委託」には該当せず、第7号文書にも該当しない。

44 当座借越約定変更申込書

当座借越約定変更申込書

平成　　年　　月　　日

信用農業協同組合連合会　御中

　　　　　　　　住　　　所
　　　　　　　　名　　　称
　　　　　　　　代表者氏名印

平成　　年　　月　　日付当座勘定借越約定書に基づく当座借越契約をつぎのとおり変更したいので申込みいたします。

1. 変　更　内　容（変更後については変更する事項のみ記入する）

当初契約期限	変更後契約期限
平成　年　月　日	平成　年　月　日
当初借越極度額	変更後借越極度額
¥	¥
当　初　担　保	変　更　後　担　保
証書№.　額面　満期日	証書№.　額面　満期日

2. 変　更　理　由

＜使用方法＞

　当座勘定の借越契約をしている取引先が、契約条件の変更を希望する場合に、この申込書を提出することとしている。

＜課否判断＞

　不課税

＜理　　由＞
　この変更申込書は，既往の当座勘定借越契約についての当座借越条件の変更申込みであるが，当座借越契約は取引先の信用度，既往の取引状況，担保条件など諸条件を総合的に勘案したうえで行われるものであって，農協内部においてこれらの取引条件等を十分検討したうえで，申込みに対する応諾の可否が決定されることになる。
　したがって，この変更申込みによって自動的に変更契約が成立するものではないところから，この申込書は印紙税法上の契約書に該当せず，課税文書にならない。

45 貸越利息計算書

貸越利息計算のお知らせ（当座貯金・営農貯金・総合口座）

　　　　　　　　　　　　　　　様

毎度お引立ていただきましてありがとうございます。このたび　月　日までの利息計算をいたしましたところ右記のとおりでございます。

なお，この利息は当該口座より引落しさせていただきました。

利息振替日	年　月　日
口座番号	
お支払いただく利息	円
利息振替後残高	円

＜使用方法＞

　当座勘定，営農貯金，総合口座についてのそれぞれの利息決算期に貸越利息が生じている場合は，その利息額を当該貯金口座から引落しているが，この文書はその引落しの処理結果について取引先に通知する文書である。

＜課否判断＞

　不課税

＜理　　由＞

　この「お知らせ」文書は，当座貯金等にかかる貸越利息額を，当該取引先の貯金口座から引落した場合に，その引落し事実を取引先に通知するものであって，金銭の受取り事実を証明するものではないから，第17号文書には該当せず，課税文書にあたらない。

46 総合口座貸越利息計算書

```
            総合口座・営農ローン・カードローン貸越利息計算のお知らせ
口座番号                          利息計算期間    年  月  日 から
おなまえ                                        年  月  日 まで
                        様
                                  利息振替日    年  月  日

   毎度，お引立てにあずかり厚くお礼申しあげます。    貸  総合口座貸越利息        円
さて，このたびあなたさまの総合口座・ローン口座     越  ローン貸越利息          円
について決算をいたしましたところ，お利息ならび     利  保  証  料           円
に決算後の残高は右記のとおりになりましたので，     息
ご通知申し上げます。                            普 通 貯 金 利 息          円

 貸極     総合口座極度額        円               利  子  税              円
 度
 越額    ローン極度額          円               決 算 後 残 高            円

                                                貸越極度超過額 ※         円
  店舗コード
                                        ※ 決算後の残高が貸越極度額をこえましたの
  店 舗 名                                  で，超過額を直ちに返済してください。
```

<使用方法>

　総合口座，営農ローン口座，およびカードローン口座について毎年3月，9月の利息決算時期に，貸越利息が生じている取引口座についてその利息額を計算し，取引先に通知するために作成するものである。

<課否判断>

　不課税

<理　　由>

　この文書は，総合口座等について貸越利息が生じた場合に，その利息額を計算して取引先に通知するために作成されるものであるから課税文書に該当しない。

47 貸越利息計算書

```
                    貸越利息計算書

_____ 様      平成　年　月　日

                    農業協同組合　　　支所

                    ┌─────────┬──────┐
                    │利息請求前残高│      │
(貸越利息の明細)     ├─────────┼──────┤
┌─────────┬──────┐│貸 越 利 息  │      │
│総合口座貸越利息│      │├─────────┼──────┤
├─────────┼──────┤│保　証　料  │      │
│ローン貸越利息 │      │├─────────┼──────┤
└─────────┴──────┘│貸越利息計   │      │
                    ├─────────┼──────┤
                    │差 引 残 高  │      │
                    └─────────┴──────┘

毎度お引立ていただきましてありがとうございます。
貸越契約の解除にともなう貸越利息および保証料は上記のとおりでございます。
なお，この貸越利息等は，本日当該口座より引落しさせていただきます。
```

＜使用方法＞

　総合口座，ローン口座などの当座性貯金に貸越契約をセットしている場合において，その貸越契約だけを解約するときに，その解除日現在における貸越利息，保証料を計算し，これをその当座勘定から引落すことにしているが，この計算書はその貸越利息等を通知するために作成するものである。

＜課否判断＞

　不課税

＜理　　由＞

　この計算書は，当座性貯金に係る貸越利息の計算結果を取引先に通知するとともに，その貸越利息額を当該当座性貯金口座から引落す旨を通知する目的で作成される単なる通知文書にすぎないので，課税文書に該当しない。

48 手形借入約定書兼貯金担保差入証

手形借入約定書兼貯金担保差入証　コードNo.

平成　年　月　日

債務者　住　所
　　　　氏　名　　㊞

農業協同組合御中

担保提供者　住　所
兼連帯保証人　氏　名　　㊞

担保物件の表示

種　類	証書番号	定期貯金額面金額及び定期積立金払込済額	預入月日	満期日	名義人	摘　要
合　計						

　債務者又は担保提供者が貴組合に対して有する定期貯金、定期積金、積立定期貯金を担保として貴組合より借入を行なうについては、下記の約定を承認のうえ、本証書を差し入れます。

第1条　債務者が借入できる極度金額は、定期貯金を担保とするときは、定期貯金証書額面金額の範囲内とし、定期積金、積立定期貯金を担保とするときは、積立金額の範囲内とします。
　②　前項の極度金額は、債務者が現在および将来負担する金額を含むものとします。

第2条　手形によって貸付を受けた場合には、手形または貸金債権のいずれによって請求されても異議ありません。

第3条　借用金の利率は年　　％とし貴組合の定める利率により計算した利息は借入と同時に支払します。但し利率は将来金融情勢に応じ変更されてもなんら異議ありません。
　②　手形の支払期日又は繰上償還の期日までに払込みの履行を怠ったときはその期日の翌日から現入金の日まで払込を要する金額に対し年利　　％の割合で計算した遅延損害金を支払います。

> 第4条　保証人は定期貯金の元利金額並びに定期積金、積立定期貯金については給付請求権を限度として債務者と連帯して保証債務を負担します。
> 第5条　担保提供者は、第1条の債務を担保するため、裏面記載の定期貯金並に定期積金、積立定期貯金契約上のいっさいの権利に質権を設定しその証書を貴組合に差入れます。
> 　②　定期積金を担保に差入れたときは、現在の掛込金額のみでなく将来掛込みする金額および給付補填備金額等もすべてこの差入証による担保と致します。
> 　③　積立定期貯金を担保に差入れたときは将来積立てる貯金についてもこの差入証による担保と致します。
> (以下省略)

＜使用方法＞

　農協から定期貯金担保により手形借入をする場合に，その借入に関する借入条件および特約条項を契約するとともに，その借入について担保に提供する定期貯金証書の明細を記載した約定書を差入れしている。

＜課否判断＞

　第1号の3文書　　借入金額に対応する階級定額税率

　ただし，貸付が反復して行われる極度貸付の場合は，200円

＜理　　由＞

　この文書は，手形借入に関して約定した部分が，消費貸借に関する契約となり，第1号の3文書に該当する。

　この場合の税率は，その貸付が反復して行われる極度貸付であれば，契約金額の記載のない契約書となり200円であるが，それ以外の貸付については，階級定額による税額が適用される。

　なお，定期貯金の担保差入に関する約定部分は質権の設定に関する契約書となるが，この部分は不課税事項となる。

49 担保差入証

<使用方法>

定期貯金または定期積金を根担保として資金を借入れる際に，その定期貯金に質権を設定するために作成する文書である。

<課否判断>

不課税

<理　　由>

この文書は，定期貯金の元利金または定期積金債権に質権を設定し，その証書または通帳を金融機関に差入れるために作成されるものであるから，「質権の設定に関する契約書」に該当し，不課税文書となる。

なお，普通貯金を担保とする担保差入証も，普通貯金の払戻請求権に質権を設定することであるから，不課税文書として取扱われる。

50 抵当権設定契約証書(その1)

抵当権設定契約証書

平成　年　月　日

県信用農業協同組合連合会
　　会長理事　　　　　　殿

　　　　　　　　　住　所
　　債　務　者
　　　　　　　　　氏　名　　　　　　　　㊞

　　　　　　　　　住　所
　　抵当権設定者
　　　　　　　　　氏　名　　　　　　　　㊞

第1条（抵当権の設定）

　抵当権設定者は，債務者が平成　年　月　日付　金銭消費貸借契約証書に基づき，貴会に対して負担する下記の債務を担保するため，同金銭消費貸借契約証書の各条項のほか，次条以下の各条項を承認のうえ，その所有する後記の物件（以下「抵当物件」という。）に順位後記の抵当権を設定いたしました。

　　　　　　　　　　　　記
1. 債　権　額　金
2. 利　　　息　年　　　％（年365日　　日割計算）
3. 損　害　金　年　　　％（年365日　　日割計算）

　　　　　　　　　（中　略）

第6条（代物弁済の予約）

① 債務者が第1条の債務の履行を怠ったときには，一般に適当と認められる評価方法により，抵当物件を評価し，その評価額をもって代物弁済の金額とし，債務の全部または一部に充当する旨を債務者および抵当権設定者に通知することにより，貴会が抵当物件を取得されることを，債務者および抵当権設定者は承認いたしました。抵当権設定者は貴会の請求があり次第，この契約にもとづき抵当物件に対し所有権移転請求権保全の仮登記手続をいたします。

② 前項の代物弁済の通知を受けたときは，抵当権設定者は，貴会または貴会が指定する者に直ちに指定する者に直ちに所有権移転の登記手続をいたしま

> す。
> ③　第1項の代物弁済によって，全債務を弁済し，なお余剰がある場合には，これを抵当権設定者に返還されるものとし，また不足が生じた場合には，債務者において直ちに弁済いたします。
> 　　　　　　　　　　　（以下略）

＜使用方法＞

　農協が不動産を担保として貸出をするにあたり，担保提供者からこの抵当権設定約定書の提出を受けて抵当権設定の登記をしている。

＜課否判断＞

　第1号の1文書　　　200円

＜理　　由＞

　抵当権設定に関する契約書そのものは不課税文書であるが，この契約書は第6条で代物弁済の予約についての規定がある。

　権利または財産等をその同一性を保持させつつ他人に移転させることを内容とする契約書は，譲渡に関する契約書となり，一般的には売買契約書，交換契約書，贈与契約書，代物弁済契約書等がこれに該当する。

　したがって，担保物件を代物弁済として取得する旨の記載があるこの抵当権設定契約書は，不動産の譲渡の予約に関する契約書となり，第1号の1文書に該当する。

　なお，この場合の契約金額は，「一般に適当と認められる評価方法により評価し，その評価額をもって代物弁済の金額とし，…」と記載されているところから，契約金額の記載のないものとなり，税額は200円である。

51 抵当権設定契約証書(その2)

抵当権設定契約証書

平成　年　月　日

　　農業協同組合
組合理事長　　　　　　殿

　　　　　　　住　所 ....
債　務　者
　　　　　　　氏　名 ....

　　　　　　　住　所 ....
担保提供者
　　　　　　　氏　名 ....

第1条（抵当権の設定）
　債　務　者
　担保提供者は，債務者が平成　年　月　日金銭消費貸借契約に基づき貴組合に対し負担する債務を担保するため，同金銭消費貸借契約証書および債務者が別に差し入れた農協取引約定書の各条項のほか，この約定を承認のうえ，その所有する後記物件のうえに順位後記の抵当権を設定しました。

　　　　　　　　　　　（中　略）

第3条（抵当物件）
① 　債　務　者
　　担保提供者は，あらかじめ貴組合の書面による承諾がなければ抵当物件の現状を変更し，または抵当物件を譲渡し，もしくは第三者のために抵当物件に権利を設定いたしません。
② 　抵当物件が原因のいかんを問わず滅失・毀損もしくはその価格が低落したとき，またはそのおそれがあるときは，債務者または担保提供者は直ちにその旨を貴組合に通知します。この場合には請求によって，直ちに貴組合の承認する担保もしくは増担保を差し入れ，または保証人をたてもしくはこれを追加いたします。
③ 　抵当物件について収用その他の原因により補償金・清算金などの債権が生じたときは，債　務　者
　　　　　　　　　　　担保提供者はその債権を貴組合に譲渡しますから，貴組合がこれらの金銭を受領したときは債務の弁済期前でも法定の順序にかかわらず債務の弁済に充当されても異議ありません。

　　　　　　　　　　　（以下略）

＜使用方法＞
　農協が不動産を担保として融資をするとき，担保提供者との間で抵当権設定契約を締結するが，この契約に際し本抵当権設定証書の提出を受けている。
＜課否判断＞
　　第15号文書　　200円
＜理　　由＞
　抵当権設定に関する契約書そのものは不課税文書であるが，この文書には，第3条において「抵当物件について収用その他の原因により補償金・清算金などの債権が生じたときは，債務者（担保提供者）は，その債権を貴組合に譲渡しますから……」という文言が記載されているところから，債権の譲渡に関する契約書（第15号文書）に該当し課税文書となる。
　したがって，この規定を削除するか，または次の例示のように修正することが望ましい。
（例示1）
「担保提供者は，その債権に質権を設定しますから……」
（例示2）
「……清算金などの債権が生じたときは，別途協議します」

52 抵当権変更契約証書

抵当権変更契約証書

平成　年　月　日

　　　農業協同組合
　　　組合長理事　　　　　　　　殿

　　債　務　者　　住　所 _____
　　　　　　　　　氏　名 _____

　　担保提供者　　住　所 _____
　　　　　　　　　氏　名 _____

債　務　者
担保提供者は，債務者が平成　年　月　日金銭消費貸借契約に基づき貴組合に対し負担する金 _____ 円也の債務の担保として平成　年　月　日抵当権設定契約（以下「原契約」という。）により後記の物件に抵当権を設定（_____ 法務局 _____ 出張所平成　年　月　日受付第 _____号登記済）していたところ今般利息の変更契約を下記の通り締結いたしました。

第1条　原契約の利率をつぎのとおり変更いたします。

　　　　変更前　年　　　％

　　　　変更後　年　　　％　但し平成　年　月　日から適用。

第2条　貴組合が前条の利息変更登記を必要と認めたときは，債　務　者
担保提供者はこれの手続に協力いたします。

第3条　この契約は利率の定めについて変更契約を締結したのみであって，変更されない部分については原契約の各条項の適用をうけることを確認いたします。

以　上

＜使用方法＞

　農協の貸出金について，貸出金額の変更，貸付利率などの貸出条件が変更され，その変更契約書が作成された場合に，その変更に伴う抵当権設定登記

事項の一部変更にかかる登記手続の原因証書として債務者が作成するものである。

＜課否判断＞
　不課税

＜理　　由＞
　この文書は，抵当権の被担保債権にかかる貸出利率の変更に関する抵当権変更契約書であるが，抵当権設定契約書そのものが不課税文書であるから，その被担保債権の利率の変更を登記することの同意を目的とするこの文書も，課税文書には該当しない。

53 根抵当権変更契約証書

根抵当権変更契約証書
（免責的債務引受を伴う債務者の交替的変更）

　　　　　　　　　　　　　　　　　　　平成　　年　　月　　日

　　　　農業協同組合
　　組合長理事　　　　　　　　殿

　　　　　　　　住　所
　　　　　　　　根抵当権設定者

　　　　　　　　住　所
　　　　　　　　新債務者兼債務引受人

　　　　　　　　住　所
　　　　　　　　旧債務者

　　　　　　　　住　所
　　　　　　　　連帯保証人

第1条（債務者の変更）
　　根抵当権設定者は，平成　　年　　月　　日根抵当権設定契約により後記物件のうえに設定した根抵当権（平成　　年　　月　　日　　地方法務局　　出張所受付第　　号登記済）の債務者を，次のとおり変更することを約定しました。
　　　　　　債　務　者
　　　変　更　前　　氏　名
　　　変　更　後　　住　所
　　　　　　　　　　氏　名

第2条（免責的債務引受）
　　新債務者は，旧債務者が根抵当権者に対して負担している下記債務の全額を旧債務者に代って免責的に引受けました。
　　　　　　　　引受債務の表示

第3条（被担保債権の範囲の変更）

> 　　根抵当権設定者は，第1条の根抵当権の被担保債権の範囲を，次のとおり変
> 更することを約定しました。
> 　　　　　　　　　　　　被担保債権の範囲
> 　　　　　変更前　　①
> 　　　　　　　　　　②
> 　　　　　変更後　　①
> 　　　　　　　　　　②
> 　　　　　　　　　　③　前条によって引き受けた債務
> 第4条（保証人の承諾）
> 　　保証人は，第2条による債務引受を異議なく承諾し，引き続き保証の責めを
> 負います。
> 　　　　　　　　　　　　　　　　　　　　　　　　　　　　以　上

＜使用方法＞

　農協から資金を借入している債務者が，老令等のためその事業承継者がその事業にかかる債務を引受けることとなった場合に，その債務引受けに係る契約とこれに伴う根抵当権に係る債務者変更の登記の原因証書として根抵当権設定者および新旧債務者が署名，押印して作成するものである。

＜課否判断＞

　　第15号文書　　　200円

＜理　　由＞

　この文書は，根抵当権の債務者および被担保債務の範囲を変更するための変更契約であるとともに，その被担保債務を免責的に引受けることを内容とする債務引受けに関する契約でもある。

　根抵当権の変更に関する契約書そのものは不課税文書であるが，債務引受けに関する契約は，第15号文書（債権譲渡または債務引受けに関する契約書）に該当し課税文書となる。

54 譲渡担保設定契約証書

譲渡担保設定契約証書
（有体動産担保用）

平成　年　月　日

農業協同組合
組合長理事　　　　　　　　殿

債　務　者　　住　所 ＿＿＿＿＿＿＿＿＿＿＿＿＿＿＿＿
　　　　　　　氏　名 ＿＿＿＿＿＿＿＿＿＿＿＿＿＿＿＿

担保提供者　　住　所 ＿＿＿＿＿＿＿＿＿＿＿＿＿＿＿＿
　　　　　　　氏　名 ＿＿＿＿＿＿＿＿＿＿＿＿＿＿＿＿

第1条（譲渡担保の設定）
　債務者/担保提供者は，債務者が平成　年　月　日金銭消費貸借契約に基づき貴組合に対し負担するいっさいの債務を担保するため，同金銭消費貸借契約証書および債務者が別に差し入れた農協取引約定書の各条項のほか，この約定を承認のうえ，その所有する後記物件（以下「譲渡物件」という。）を貴組合に譲渡しました。

第2条（引渡）
　債務者/担保提供者は，譲渡物件の引渡を占有改定の方法によって完了しました。

第3条（譲渡物件の占有）
① 債務者/担保提供者は，譲渡物件を引続き占有し，その用法に従い無償で使用収益できるものとし，また善良な管理者の注意をもって代理占有いたします。ただし，貴組合の請求によりいつでも譲渡物件を貴組合もしくはその指図人に指定の場所において引渡します。

② 債務者および担保提供者は前項ただし書による引渡費用，譲渡物件の修繕費および公租公課その他使用に関して生ずる費用を連帯して負担いたします。

第8条（譲渡物件の処分）
　貴組合は譲渡物件を，一般に適当と認められる方法，時期，価格等をもって債務の全部または一部の代物弁済として完全に所有権を取得し，または一般に

適当と認められる方法・時間・価格等により処分したうえ，その取得金から諸費用を差し引いた残額を法定の順序によらずいずれの債務の弁済に充当されても異議なく，なお残債務がある場合は債務者は直ちに弁済いたします。
第9条（譲渡物件の譲渡）
　　債　務　者
　　担保提供者は，貴組合がその債務と共に後記譲渡物件を任意に第三者に譲渡しても異議ありません。
第10条（譲渡物件の現実の引渡）
　　債　務　者
　　担保提供者は，貴組合の請求により，いつでも譲渡物件を貴組合に引渡し，または貴組合の指定する場所で貴組合の指定する者に引渡します。

＜使用方法＞

農協が有体動産を譲渡担保として貸付を行う場合に担保提供者から提出を受けるものである。

＜課否判断＞

不課税

＜理　　由＞

譲渡担保契約は，債権を担保する目的をもって債務者から商品などを譲り受け，後日債権が消滅して担保の必要がなくなったときにもとの状態に戻すことの契約である。

これは，所有権を移転しない質権の設定契約等と異なり所有権を移転することを内容とするものであるから，その対象物が動産等であれば譲渡に関する契約書に該当する。

また，債務を履行したときの反対の譲渡関係について規定することが多いが，これは物品の譲渡契約の予約ということになる。更に，譲渡者が無償で使用収益すること内容とする部分は使用貸借に関する契約ということになるが，いずれの事項も課税事項ではないため，この文書は不課税文書となる。

55 担保差入証（その１）

担 保 差 入 証
（自組合貯金用）

[印紙]　　　　　　　　　　　　　　　　　　　　　[検印｜照合]

平成　年　月　日

＿＿＿＿＿＿＿農業協同組合　御中

債　務　者　　住　所＿＿＿＿＿＿＿＿＿＿＿
　　　　　　　氏　名＿＿＿＿＿＿＿＿＿＿＿印

担保提供者　　住　所＿＿＿＿＿＿＿＿＿＿＿
　　　　　　　氏　名＿＿＿＿＿＿＿＿＿＿＿印

第1条（質権の設定）
① 債務者／担保提供者 は、○○農業協同組合（以下「組合という。」）との取引によって債務者が現在および将来負担するいっさいの債務の根担保として、次の各約定を承認のうえ、組合に対し後記担保品明細の貯金に質権を設定し、その貯金証書・通帳を組合に引き渡しました。債務の弁済等につきましては、裏面の約定に従います。
② 担保貯金の書替継続にあたって、貯金が併合・分割・減額または利息元加されても、また期間・利率が変更されても、書替えられた貯金は引き続き質権の効力がおよびます。
③ 2年定期貯金を担保に差入れた場合は、差入日現在既に発生している中間利息定期貯金、または将来発生する中間利息定期貯金もこの差入証により質権の効力がおよびます。
④ 積立定期貯金を担保に差し入れた場合は、差入日現在の積立金額のみならず、将来の積立金額もこの差入証により質権の効力がおよびます。

（略）

（裏　面　約　定）

第1条（適用範囲）
　定期貯金担保借入に関して生じた債務の履行については、この約定に従います。
第2条（手形と借入金債務）
　債務者が組合より手形により貸付を受けた場合には、組合は手形または貸金債権のいずれによっても請求することができます。

> 第3条（利息、損害金等）
> ① 利息、割引料、保証料、手数料、これらの戻しについての割合および支払の時期、方法については、別に合意したところによるものとします。ただし、金融情勢の変化その他相当の事由がある場合には、債務者または組合は相手方に対し、これらを一般に合理的と認められる程度のものに変更することについて協議を求めることができるものとします。
> ② 債務者は、組合に対する債務を履行しなかった場合には、その支払うべき金額に対し年〇％の割合の損害金を支払います。ただし、利息、割引料、保証料については損害金を付しません。この場合の計算方法は、年３６５日の日割計算とします。
> 第5条（期限の利益の喪失）
> ① 債務者について次の各号の事由が一つでも生じた場合には、組合からの通知催告書がなくても、債務者は組合に対する定期貯金担保借入金に関する債務について当然期限の利益を失い、直ちに債務を弁済します。
>   （略）

＜使用方法＞

　農協が定期貯金等の貯金を担保に徴求して貸出を行うに当たって、農協取引約定書を取り交わしていない場合に、担保提供者及び債務者からの差し入れを受ける文書である。

＜課否判断＞

　第１号の３文書　200円

＜理　　由＞

　この文書は、定期貯金等の貯金を担保として差し出すことを内容とするものであり、質権の設定に関する契約（不課税）であるが、併せて債務の弁済等については裏面の約定に従う旨約定しており、裏面約定では債務不履行の場合の損害賠償の方法等消費貸借契約の重要事項を定めているので、第１号の３文書に該当することになる。

56 担保差入証（その2）

```
                    担 保 差 入 証
       印紙          （自組合貯金用）           検印  | 照合

                                               平成  年  月  日

       ＿＿＿＿＿＿＿農業協同組合　御中

                              住　所 ＿＿＿＿＿＿＿＿＿＿＿＿＿
                    債 務 者
                              氏　名 ＿＿＿＿＿＿＿＿＿＿＿＿印

                              住　所 ＿＿＿＿＿＿＿＿＿＿＿＿＿
                    担保提供者
                              氏　名 ＿＿＿＿＿＿＿＿＿＿＿＿印
```

第1条（質権の設定）
① 債 務 者／担保提供者 は、○○農業協同組合（以下「組合という。」）との取引によって債務者が現在および将来負担するいっさいの債務の根担保として、次の各約定を承認のうえ、組合に対し後記担保品明細の貯金に質権を設定し、その貯金証書・通帳を組合に引き渡しました。債務の弁済等につきましては、債務者が別に組合と締結した農協取引約定書に従います。
② 担保貯金の書替継続にあたって、貯金が併合・分割・減額または利息元加されても、また期間・利率が変更されても、書替えられた貯金は引続き質権の効力がおよびます。
③ 2年定期貯金を担保に差入れた場合は、差入日現在既に発生している中間利息定期貯金、または将来発生する中間利息定期貯金もこの差入証により質権の効力がおよびます。
④ 積立定期貯金を担保に差し入れた場合は、差入日現在の積立金額のみならず、将来の積立金額もこの差入証により質権の効力がおよびます。

(以下略)

＜使用方法＞
　農協が定期貯金等の貯金を担保に徴求して貸出を行うに当たって、別途農協取引約定書を取り交わしている場合に、担保提供者及び債務者から差し入

れを受ける文書である。

＜課否判断＞

不課税

＜理　　由＞

　この文書は、定期貯金等の貯金を担保として差し出すことを内容とするものであり、質権の設定に関する契約（不課税）である。

　なお、別途農協取引約定書を取り交わしており、債務の弁済等についてはその農協取引約定書に従うこととしているので、この文書は第1号の3文書には該当しないことになる。

57 個人情報の保護に関する契約書

　独立行政法人農業者年金基金（以下「甲」という。）は、独立行政法人農業者年金基金法（平成14年法律第127号）第10条の規定に基づき、○○県信用農業協同組合連合会（以下「乙」という。）との間に締結した農業者年金業務委託契約（以下「既契約」という。）により乙に委託した業務に関連して、独立行政法人等の保有する個人情報の保護に関する法律（平成15年法律第59号。以下「個人情報保護法」という。）の施行に伴い、個人情報の保護に関する事項について定めることとし、乙との間に次のとおり契約を締結する。

（個人情報の管理等）
第1条　甲は、乙から取得した債務者その他個人情報（以下「個人情報」という。）の利用及び管理に当たっては、個人情報保護法及び個人情報保護管理規定の定めるところに従い適切に行うものとする。
第2条　乙は、甲との既契約による業務を行うに当たっては、甲より提供を受けた個人情報について、次により行うほか、事務取扱要領その他甲の指示するところにより適切な管理を行うものとする。
（1）秘密の保持
　　乙は、既契約上知り得た個人情報を外部に漏らしたり、他に利用されないようにしなければならない。
（2）目的外利用の禁止
　　乙は、甲より提供を受けた個人情報について、契約による業務の目的以外の目的に利用してはならない。
（3）再委託の制限
　　乙は、甲が承諾した場合を除き、既契約による業務については自らが行い、第三者にその取扱いを委託してはならない。
（4）複写又は複製等の禁止
　　乙は、既契約による業務を処理するために甲より提供を受けた個人情報が記録された文書又は磁気ディスク等の一切の個人情報媒体物（以下「文書等」と

いう。）を既契約に基づく業務の目的以外の目的のために複写し、又は複製してはならない。
（5）事故の発生時における報告
　乙は、本契約に違反する事態が生じ、又は生じるおそれがあることを知ったときは、速やかに甲に報告し、甲の指示に従うものとする。
（6）資料等の返還等
　乙は、本契約期間満了時に、甲から提供を受けた文書等、乙が作成した複写物又は複製物等を乙が定めるところにより消去又は廃棄し、若しくは甲が別に指示するところにより直ちに甲に返還し、又は引き渡すものとする。本契約期間満了時前であっても、以後個人情報の提供を受け管理する必要がなくなった場合は、同様とする。

＜使用方法＞
　個人情報の保護に関する法律（平成15年）の施行に伴い、既存の契約に関して、個人情報の保護に関する事項を取り決めたものである。

＜課否判断＞
　不課税

＜理　　由＞
　個人情報の保護に関する事項は、印紙税法基本通達別表第2に掲げる第1号の3文書関係の重要事項と密接に関連する事項とはいえないので、既存の契約書が第1号の3文書等に該当する場合であっても、この文書は課税文書に該当しない。

58 根抵当権譲渡契約証書

根抵当権譲渡契約証書
(全部譲渡)

平成　年　月　日

住　所
根抵当権譲受人　　　　　　　殿

　　　　　　　住　所
　　　　　　　根抵当権譲渡人
　　　　　　　住　所
　　　　　　　根抵当権設定者
　　　　　　　住　所
　　　　　　　債　務　者
　　　　　　　住　所
　　　　　　　連帯保証人

第1条(全部譲渡)
　譲渡人は,平成　年　月　日根抵当権設定契約により後記物件のうえに設定された極度額金　　　円の確定前の根抵当権(平成　年　月　日　　地方法務局　　出張所受付第　　号登記済)を譲受人に全部譲渡しました。

第2条(被担保債権の範囲の変更)
　根抵当権設定者は,前条による譲渡後の根抵当権の被担保債権の範囲を,次のとおり変更することを約定しました。
　　　　　　　　被担保債権の範囲
　　　変　更　前
　　　変　更　後

第3条(債務者・保証人の承諾)
　債務者・保証人は,第1条の根抵当権の譲渡を異議なく承諾しました。

以　上

＜使用方法＞
　農協の貸付金について第三者から金額弁済があった場合に，その債権に係る根抵当権の全部をその代位弁済者に譲渡するための契約書である。

＜課否判断＞
　不課税

＜理　　由＞
　根抵当権とは，継続的な取引関係から生ずる債権を担保するために，担保物が負担しなければならない最高額を定めておき，将来確定する債権をその範囲内で担保する抵当権である。この文書は，根抵当権の譲渡とそれに伴う被担保債権の範囲の変更を内容とする契約書で，抵当権の譲渡又は設定に関する契約書に該当するが，抵当権の譲渡又は設定に関する契約書は，不課税文書とされているところから，この文書も課税文書に該当しない。

59 担保品預り証

担 保 品 預 り 証

平成　年　月　日

..................................殿

..................................農業協同組合

　下記担保品明細表の担保品は，平成　年　月　日付担保差入証により差入れられたものとして正にお預りいたしました。

(注)　① 担保品の返還を請求されるときは，本証と引替にお渡しいたしますのでご持参ください。
　　② この預り証は売買・譲渡・質入等をすることができません。
　　③ 担保品受領書に押印された印影がかねてお届出の印鑑に符合した場合は，いかなる事故が生じても当組合は責任を負いません。

担 保 品 受 領 証

平成　年　月　日

氏名

下記担保品明細表の担保品たしかに受領いたしました。

担 保 品 明 細 表

銘　柄	額面金額	通数	額面合計金額	記番号	償還期限	名 義 人

(以　下　略)

＜使用方法＞

　農協が有価証券を担保として貸付をした場合に，債務者から担保として差入れられた有価証券を受入れた事実を証明するため「担保品預り証」を発行

している。

　また，貸出金が全額返済されたことにより担保品である有価証券を担保提供者に返戻する場合または担保品の一部差換え等に伴い預り中の有価証券を返戻する場合に下欄の「担保品の受領書」の提出を受けている。

＜課否判断＞

　第17号の2文書　　200円

　出資者に交付するものおよび出資者から提出を受けるものは非課税

＜理　　由＞

　担保物である有価証券を預った際に債権者が債務者等に交付する担保品預り証は，質権の設定に関する契約書であると同時に有価証券の受取事実を証明するための文書である。

　質権設定に関する契約書は，不課税とされているので，この文書は，第17号の2文書（売上代金以外の有価証券の受取書）に該当し課税文書となる。

　なお，担保物が金銭または有価証券以外のもの（たとえば定期貯金証書）である場合には，担保品預り証であっても不課税文書となる。

　また，担保品である有価証券を組合員に返戻した場合に組合員からその受取りの事実を証明する目的で提出を受ける担保品受取書も，第17号の2文書（売上代金以外の有価証券の受取書）に該当する。

　これらの担保品預り証，担保品受取証のうち農協等が出資者に対し発行するものおよび出資者から農協が受取るものについては，営業に関しない受取書となり，非課税文書となる。

60 担保品預り通帳

```
                           _____殿

              担 保 品 預 り 帳


          信 用 農 業 協 同 組 合
```

受	入				返	戻	
年 月 日	銘柄及記号番号	数量	金　　額	証印	受領印	年 月 日	検印

＜使用方法＞

　借入者が，有価証券，預貯金証書を担保にして借入れする場合において，その担保品の差入れがあったとき，または担保品の返戻があったときは，その受払いの事実を明確にするために，担保品預り帳を作成し交付している。

＜課否判断＞
　　第19号文書　　　400円
＜理　　由＞
　担保品預り通帳は，質権設定契約の成立の事実を付け込んで証明するためのものであるとともに，手形または担保品の受領事実をも付け込んで証明するためのものである。したがって，担保品が手形等の有価証券であるときは，第17号に掲げる文書により証されるべき事項（有価証券の受取り事実）を付け込んで証明する目的をもって作成するものになり，有価証券の受取通帳（第19号文書）に該当することとなる。
　なお，預り物件が預貯金通帳又は預貯金証書だけの場合は，不課税である。

61 担保物件差替申請書

```
            担保物件差替申請書

 私共が平成　年　月　日付，金銭消費貸借契約証書に基づき金　　　円
を借用致しました際に差し入れてあります担保物件（　　　　　　　　）
を下記の理由により，後記不動産と抵当権の差替をして下さるよう申請致します。

  理　由
                       平成　　年　　月　　日

              住　所
      借　主
              氏　名                           ㊞
              住　所
    担保提供者
              氏　名                           ㊞
              住　所
    連帯保証人
              氏　名                           ㊞

    農業協同組合　御中
                   不動産の表示
```

＜使用方法＞

現在借入れ中の消費貸借契約に関して，担保条件の変更（担保物件の差替）を希望するときは，借入者，担保提供者および連帯保証人の連名による担保物件差替申請書を提出することとしている。

＜課否判断＞

不課税

＜理　由＞

担保物件の変更申請書に借入者および担保提供者が署名捺印しただけのものは，単なる申込書にすぎないので，課税文書に該当しない。この申込書に連帯保証人が署名捺印しているが，とくに担保物の変更によって保証債務の内容が大きく変動された場合を除き，一般に保証する債務の内容について重要な変更を承認するものとはみなされないので，「債務の保証に関する変更契約書」とは取扱われていない。

62 抵当権設定に関する念証

　　　　　　　　　念　　　証

　私が平成　年　月　日付借用証書に基づき　　　　資金として貴組合(会)から借用いたしました金　　　万円について　　　　を担保物件として指定されましたが，該当物件は現在　　　　のため登記の対象となりえず，ただちに貴意に添い兼ねますが，貸付実行後2か月以内に，貴組合(会)を第1順位とする抵当権設定登記を行なうことを確約いたします。

　なお，抵当権設定登記完了以前に貴組合の承認をえずに該当物件を他に譲渡し，賃貸し，担保に供しまたは担保に供する予約をする等，貴組合(会)に損害をおよぼすおそれのある一切の行為等をしないことを誓約いたします。

　後日のため本証を差し入れます。

　　　平成　年　月　日

　　　　　　　　住　　所
　　　　　　　　債務者氏名

　　　　　　　　　　　　殿

＜使用方法＞

　借入金の担保として提供する予定の物件が，名義変更に伴う所有権移転登記手続の遅延，または工事の未完成による所有権保存登記手続の遅延などの事情によって，直ちに抵当権の設定登記ができない場合には，債務者（担保提供者）からその抵当権設定登記ができる状態になった時点で，直ちに登記手続きを取り運ぶ旨の念書を徴求したうえで貸付を実行している。

＜課否判断＞
　不課税
＜理　　由＞
　貸付実行時点において担保物件の建築工事等が未完成の場合は，抵当権の設定契約そのものが締結できない。そこで，この文書は工事の完成等により将来抵当権設定登記の手続きができる状態になった場合は，直ちに登記手続きを取り運ぶことを約束したものであって，抵当権設定契約（本契約）を将来成立させることの予約を証する文書となるから，抵当権の設定に関する契約書に該当し，不課税文書となる。

63 担保定期貯金継続依頼書

担保定期貯金継続依頼書

平成　年　月　日

住　　所
名　　称
代表者氏名印

平成　年　月　日付当座勘定借越約定書に基づき当座借越の担保として貴会に差入れた下記の定期貯金は，あらかじめ別段の申し出をしない限り，今後期日到来ごとに当初の期間と同期間の書替継続をお取り運びくださるようお願いいたします。

記

証書番号	額面金額	預け入年月日並びに満期日	期　間	備　考
	¥	預入 平成　・　・ 満期 平成　・　・		
	¥	預入 平成　・　・ 満期 平成　・　・		
	¥	預入 平成　・　・ 満期 平成　・　・		
	¥	預入 平成　・　・ 満期 平成　・　・		
	¥	預入 平成　・　・ 満期 平成　・　・		
	¥	預入 平成　・　・ 満期 平成　・　・		

（註）当初の預け入れ期間を変更して書替を希望する場合は備考欄にその旨を記入する。

＜使用方法＞

当座借越契約をしている取引先が，当座借越の担保として提供した定期貯

金が満期になった場合に，その定期貯金を書替継続することとし，その手続きを依頼する文書である。

＜課否判断＞

不課税

＜理　　由＞

この文書は，当座勘定借越約定書に基づき，担保として提供した定期貯金について，書替継続するための手続きを依頼する文書であって，単なる依頼書にすぎず，契約書には該当しない。

64 抵当権設定証書預り証

抵当権設定証書預り証

　　　　　　資金　　　　　　　の抵当権一部抹消登記の為に下記抵当権設定証書を預りました。
　なお、登記完了後抵当権設定証書は速やかに貴会へ返戻することを確約いたします。後日の為本証を差し入れます。

記

設　　定　　者
登　記　場　所
受付年月日及び番号
共同担保目録番号

　　　　　　　　　　　　　　　平成　　年　　月　　日

　　　住　　所
　　　名　　称
　　　代表者名　　　　　　　　　　　　　　　印

＜使用方法＞

　貸付金の一部弁済に伴って、その貸付にかかる抵当権の一部抹消が行われる場合は、その抵当権一部抹消登記にあたり登記済の抵当権設定証書が必要となるため、債務者に対し一時的に貸与することがある。

＜課否判断＞

　不課税

＜理　　由＞

　この文書は、新たな抵当権、質権等の設定を証するためのものではなく、単に抵当権設定証書という書類の預り事実を証するために作成されたものであるから、課税文書に該当せず、不課税である。

65 保証意思確認書

平成　年　月　日

　　　　殿

　　　　　　　　　　　　　信用農業協同組合連合会

拝啓　いつも格別のお引立にあずかり厚くお礼申しあげます。
　さて，このたび　　　　殿に対する融資につき，連帯保証・担保提供をしていただきまことにありがとうございました。
　つきましては，下記のとおりご融資を行いますので，念のためご照会申しあげます。
　なお，まことに恐縮ですが，別紙回答書に捺印のうえご返送くださいますようお願いいたします。

敬具

記

お申込人	住　　所	
	氏　　名	
お申込の内容	資　金　名	資　　金
	ご融資金額	円
	ご返済期日	年　月　日
	備　　考	

回　答　書

　貴会ご照会の　　　　　殿に関する連帯保証人・担保提供者となることについては，下記明細のとおりたしかに了承しております。

記

お申込人	住　　所	
	氏　　名	殿
お申込の内容	資　金　名	資　　金
	融 資 金 額	円
	返 済 期 日	年　月　日
	備　　考	

　平成　年　月　日

　信用農業協同組合連合会　御中

　　　　　住　所
　　　　　氏　名　　　　　　　　　　（実印）

<使用方法>

　農協が，その貸付先から提出された手形借入約定書，借用証書等において取引先の保証人または担保提供者となっている者に対し，その保証意思または担保提供の意思の有無についてその真意を確認するため，保証人等に対し照会して回答をもらうこととしている。

<課否判断>

　不課税

<理　　由>

　この文書は，すでに借用証書，手形借入約定書，債務保証書等に保証人

（担保提供者）として署名・捺印した者に対し，その保証意思の確認を行うための文書であって，あらたな保証契約の成立を証明する文書ではないので，「債務の保証に関する契約書」に該当せず，課税文書とならない。

なお，住宅金融公庫等の融資にあたっては，借入申込書に連帯保証人と記載された保証人予定者からその保証意思確認のため保証承諾書に署名，押印のうえ，印鑑証明書を添付して受託金融機関あてに提出を受けている事例がある。

この承諾書は，保証予定者がはじめて債権者に対し自己が保証人となることの意思表示をしたもので，「債務の保証に関する事実」を証明するために新たに作成された文書であるから，第13号文書に該当することとなる。

同じ保証承諾書であっても，提出された借用証書等において連帯保証人となることを承諾（署名，押印）した保証人から徴するものと，融資の決定段階で未だ借用証書または保証書等の提出を受ける前に行う保証意思確認では課否判断が異なることに留意する。

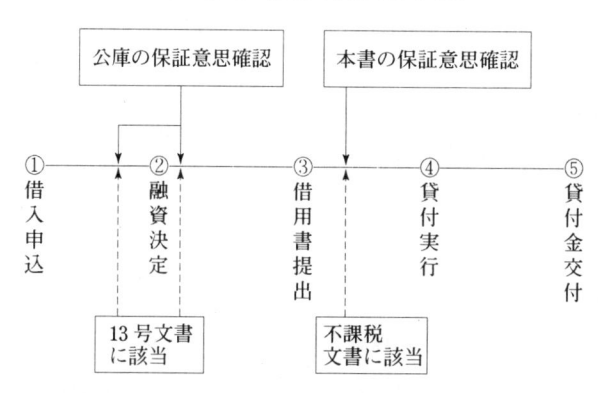

保 証 意 思 確 認 書 作 成 手 順

```
            公庫の保証意思確認    本書の保証意思確認
                  │                    │
                  ↓                    ↓
    ①─────────②─────────③─────────④─────────⑤
    借         融         借         貸         貸
    入         資         用         付         付
    申         決         書         実         金
    込         定         提         行         交
                         出                    付
                  │                    │
                  ↓                    ↓
            13号文書              不課税
            に該当                文書に該当
```

66 保証変更に関する同意書

```
            保証変更に関する同意書
                 (連帯保証人用)

                              平成　　年　　月　　日

        農業協同組合
    組合長理事　　　　　　殿

              住　所
    債　務　者                            ㊞
              氏　名

              住　所
    連帯保証人                            ㊞
              氏　名

              住　所
    連帯保証人                            ㊞
              氏　名

  保証人は，債務者が 平成　　年　　月　　日付金銭消費貸借契約証書に基づき，
貴組合に対して負担するいっさいの債務につき連帯保証をしておりますが，今般貴
組合が同債務の連帯保証人　　　　　　　　の保証債務を免除し，　　　　　　　　
を連帯保証人としてあらたに加入されるについては，異議なくこれに同意し，その
免除にかかわらず引き続き上記債務全額について従来どおり連帯保証の責めを負い
ます。                                            以　上
```

＜使用方法＞

　金銭消費貸借にかかる連帯保証人の一部について保証を免除し，別にこれに代わる保証人の追加を行う場合は，民法第504条（債権者の担保保存義務）の規定に基づき，他の連帯保証人からその同意を徴することにしている。

＜課否判断＞

　不課税

＜理　　由＞
　この文書は，保証人の一部について加入，脱退が行われた場合に，他の連帯保証人がその加入，脱退について同意する旨の文書であって，この文書により保証契約が成立または変更するものではないので，第13号文書には該当しない。

67 譲渡担保権・抵当権及び質権設定承諾申請書

```
                譲渡担保権・抵当権及び質権設定承諾申請書
  印紙                                               平成  年  月  日
  ○○○○○○○○○○ 殿
                          甲 譲渡担保権・抵当権及び質権の設定者（お客様）
                            住 所
                            氏 名                            実印
                          乙 譲渡担保権・抵当権及び質権の権利者（融資機関）
                            住 所
                            氏 名                            印
```

　　　　　　　　　　（以下「甲」という。）と○○○農業協同組合（以下「乙」という。）とは、甲と乙との間で締結した平成　年　月　日付金銭消費貸借契約に基づく甲の乙に対する下記1.の借入債務を担保するため、下記2.の仮換地及び保留地予定地を甲が下記3.の譲渡契約に基づき、貴○○から譲り受けた仮換地及び保留地予定地に下記4.のとおり換地処分を停止条件とする抵当権及び、甲の借入債務について期限の利益の喪失事由が発生した場合には、甲は、乙の請求により乙または乙の指図人に保留地予定地等を引き渡すこととする譲渡担保権を設定すること、下記3.の譲渡契約に基づく貴○○の仮換地及び保留地予定地買戻権又は契約解除権が実行されたときに生ずる甲の譲渡対価返還請求権に下記4.のとおり質権を設定することについて、ご承諾いただきたく連署を持って申請します。
なお、本申請内容を仮換地及び保留地予定地台帳に権利登録していただくことも、併せてお願いいたします。

1. 借入債務の明細

借入者名					借入契約日	平成　年　月　日
借入金額	金　　　　　円	借入金利	年　　％	借入期間	借入の日より　ヵ月	
返済方法 (該当に○)	1. 毎月の元利金均等返済　　2. 毎月の元利金均等返済、半年毎の増額返済併用 3. その他（　　　　　　　　　　　　　　　　　　　　　）					

2. 仮換地及び保留地予定地の表示

所在地	○○○○○○土地区画整理事業地内	街区番号	画地番号	地積(㎡)
底地表示				

3. 譲渡契約の内容（土地譲渡契約又は地位承継による土地譲渡契約）

契約締結日	平成　年　月　日	譲渡対価の額	金　　　　円
譲渡対価の支払方法	即金・（　）年割賦	繰上償還日（該当者のみ記入）	平成　年　月　日
買戻権・契約解除権	権利者：○○○○○○○○	債務者：甲	期間　年

4. 譲渡担保権・抵当権及び質権の表示

	設　定　者	権　利　者	設　定　金　額	順　位
譲渡担保権				第1順位
抵　当　権			金　　　　円	第1順位
質　　　権				第1順位

(以下省略)

＜使用方法＞

　すでに締結している金銭消費貸借契約についての借入債務を担保するため、譲渡契約に基づき譲り受けた土地に換地処分を停止条件とする抵当権及び借入債務について期限の利益の喪失事由が発生した場合にはその土地を引き渡すこととする譲渡担保権並びに契約解除権が実行されたときに生ずる譲渡対価返還請求権に質権を設定することを内容とする契約書である。

＜課否判断＞

第1号の1文書　　記載金額は弁済により消滅することとなる債務の金額

<理　　由>

　債務について期限の利益の喪失事由が発生した場合にはその土地を引き渡すこととする譲渡担保権の設定は、停止条件付きの土地（不動産）の譲渡契約であり、第1号の1文書に該当する。

　なお、この場合における記載金額は、弁済により消滅することとなる債務の金額である。

68 連帯保証人の代位弁済証書

連帯保証人の代位弁済証書

平成　年　月　日

（代位弁済者）

　　　　　　　　　　殿

　　　　　　　　　　　　　住　　所

　　　　　　　　　　　　　　　農業協同組合

　　　　　　　　　　　　　組合長理事　　　　　㊞

　債務者　　　　が，平成　年　月　日付金銭消費貸借契約に基づき，当組合にたいし負担する債権額の全部（又は一部）は下記のとおりでありますが，このたび連帯保証人である貴殿において，当組合の次順位で，代位権を行使する特約で，代位弁済をされ，正に受領いたしました。

記

区　分	金　　額	摘　　　　要
元　金	¥	年　月　日期日のもの
約定利息	¥	年　月　日から，　年　月　日までの年　％によるもの
遅延利息	¥	
費　用	¥	
（計）	¥	

＜使用方法＞

　連帯保証人が主たる債務者に代わって債務の一部を弁済した場合に，その代位弁済金の受領を証するために，代位弁済者に対し交付する受領証である。

＜課否判断＞
　第17号文書　　元金だけの場合は200円，利息および費用部分がある場合は，その金額に対応する階級税率適用

＜理　　由＞
　この文書は，代位弁済者に対し，貸付金に係る元利金の受領事実を証するために交付するものであるから，金銭の受取書となり，第17号文書に該当する。
　なお，保証人から代位弁済を受けたときは，別途，債務者に対しても代位弁済を受けた旨の通知をすることとなるが，この通知書は貸付返済金の受領事実を証するためのものではなく，保証に基づく貸付債権について保証人から代位弁済を受けたことを通知するための単なる通知文書であるから，課税文書には該当しない。

69 代物弁済契約証書

代物弁済契約証書

　債権者　　　農業協同組合（以下甲という。）と債務者　　　（以下乙という。）との間に次の代物弁済契約を締結する。

第1条　甲と乙との間に締結した平成　年　月　日付金銭消費貸借契約証書に基づいて，甲が乙に対して有する現在債権額金　　万円也の弁済に充てるため，乙はその所有に係る別紙目録の物件の所有権を甲に移転する。

第2条　乙は前条の物件に付着しているいっさいの第三者の権利の登記を抹消し，完全なる所有権を甲に移転するものとし，平成　年　月　日までに甲に対しその所有権移転登記をするものとする。

第3条　甲は，前条の登記完了および引渡のときにおいて第1条の債権のうち金　　万円が消滅することを承認する。

第4条　第1条の物件に関する租税公課のうち，その賦課期日が登記日以前に属するものは，乙の負担とする。

第5条　所有権移転登記前に第1条の物件の現状に変更を生じたときは，その事由の如何にかかわらず，甲はこの契約を解除することができる。

　この契約を証するため証書正副各1通を作成し，正本を甲，副本を乙が保有する。

　　　平成　年　月　日

　　　　　　　　　　　　農業協同組合
　　　　　　　　　　甲　組合長理事　　　　　　　㊞

　　　　　　　　　　乙　　　　　　　　　　　　　㊞

＜使用方法＞

　金銭消費貸借の債務者が，債権者である農協に対し，金銭による弁済に代えて土地その他の物件で代物弁済する場合に，債権者と債務者との間で締結

する契約書である。

＜課否判断＞

(1) 代物弁済する物件が不動産の場合

　第1号の1文書　　譲渡金額（代物弁済により消滅する債務額）に応ずる階級定額による税額

(2) 代物弁済する物件が動産の場合

　第1号の3文書　　200円

＜理　　由＞

　金銭による弁済に代えて不動産を給付することを内容とした代物弁済契約書は，不動産の所有権を移転することを約するものであるから，不動産の譲渡に関する契約書（第1号の1文書）に該当する。不動産で弁済する場合の記載金額は，代物弁済により消滅する債務の金額が譲渡金額となる。したがって，本契約書では，第3条の規定で消滅することとされている債権の金額が記載金額となり，この記載金額に応ずる階級定額による税額が納付税額となる。

　つぎに，動産の給付を内容とした代物弁済契約書は，借入債務の支払方法を定める契約（原契約の内容を変更または補充する契約）であるから消費貸借に関する契約書（第1号の3文書）に該当する。この文書は契約金額を変更するものではないから，記載金額のない文書となり，税額は一率200円となる。

　なお，不動産の場合は，動産の場合と同様に第1号の3文書にも該当することから，全体としては記載金額を合算したところの第1号文書に該当するのであるが，第1号の3文書に係る記載金額がないことから，結局は，第1号の1文書の記載金額で判定されることになる。

70 譲渡代金返還請求権質権設定承認申請書

譲渡代金返還請求権質権設定承認申請書

平成　年　月　日

_____殿
（買戻権者：売主）

　　　　（甲）　質権設定者：買主
　　　　　　　　住　所
　　　　　　　　氏　名　　　　　　　　　　　㊞
　　（共有者）住　所
　　　　　　　　氏　名　　　　　　　　　　　㊞
　　　　（乙）　質権者
　　　　　　　　住　所
　　　　　　　　名　称　　　　農業協同組合
　　　　　　　　代表者　組合長理事　　　　　㊞

　甲が乙に対して平成　年　月　日付金銭消費貸借契約証書に基づいて負担する債務弁済の担保として，甲が貴殿に対して将来取得することのあるべき譲渡代金返還請求権の上に乙のため第１順位の質権を設定しました。
　つきましては，譲渡代金返還請求権に基づき，甲が受取るべき返還金が生じました時には，甲が乙に対して負担する債務に充当するため，当該返還金を直接乙にお支払い下さるようご依頼いたします。
（質権の目的）

> 　平成　年　月　日　付買戻特約付不動産譲渡契約に基づき，甲が貴殿から買受けた不動産について，将来貴殿より買戻権または契約解除権が行使された場合，当該不動産の返還と引換えに甲が貴殿に対して取得する返還請求権。

上記の質権設定を承認いたしました。
　　　　平成　　年　　月　　日

　　（買戻権者：売主）住　所
　　　　　　　　　　　氏　名　　　　　　　㊞

| 確　定 |
| 日　付 |

<使用方法>
　農協が住宅ローン等の貸出において，住宅金融公庫や住宅・都市整備公団などの公的機関が買戻特約の登記をしている不動産を担保に取得し，将来発生することが予想される譲渡代金返還請求権に対して質権を設定する場合に提出を受けるものである。

<課否判断>
　不課税

<理　　由>
　質権とは，債務が弁済されるまで目的物を留意し，弁済がないときはその目的物によって優先的に弁済を受けることができる権利（担保物権）をいうが，この質権の設定に関する契約書とは，質権を設定する設定者と債権者との契約をいう。
　質権設定契約に関する文書は，不課税とされているので，この文書は課税文書に該当しない。

71 通知書

通 知 書

平成　年　月　日

住　所

受信人　　　　　　　　殿

住所
発信人　　　　　農業協同組合
組合長理事　　　　　　㊞

　前略，当組合の貴殿に対する後記債務を担保するため，貴殿所有の後記不動産につき，平成　年　月　日代物弁済の予約契約をなしたことは，御承知のとおりでありますが，貴殿は，その貸付債権の弁済期が到来しているにもかかわらず，その弁済を遅延しておりますので，上記契約にもとづき後記不動産の所有権を取得いたしたく，ここに予約完結の意志表示および仮登記担保契約に関する法律第2条の規定による通知をいたします。

記

・不動産の表示
・貸付債権の表示
・清算金の見積額　　金　　　　　円
・内　訳
　本通知書到着後2か月経過時の不動産見積価格
　　　　　　　　　金　　　　　円
　本通知書到着後2か月経過時の充当債権額および費用
　　　　　　　　　金　　　　　円

以　上

＜使用方法＞

　農協が貸出金の担保として抵当権を設定している担保不動産については，代物弁済の予約に関する事項が含まれているが，この文書は債務者に対しこの代物弁済の予約完結の意思表示を文書により行うものである。

＜課否判断＞

　不課税

＜理　　由＞

　この文書は，すでに締結してある代物弁済の予約契約についての予約完結の意思表示と仮登記担保契約に関する法律第2条の規定による通知を内容とするものである。

　この通知によって，自動的に直ちに当該担保不動産について代物弁済による所有権の移転が行われるものではなく，単なる代物弁済の通知にすぎないので，この文書は契約書に該当せず課税文書にならない。

72 事務委託に関する契約書

事務委託に関する契約書

　県農協信用保証株式会社（以下「乙」という。）は，保証事務の一部を農業協同組合（以下「甲」という。）に委託するにつき，甲との間に次の契約を締結する。

第1条　乙は，甲に対して甲の貸付金に係る乙の債務保証に関し，次の各号に掲げる事務を委託し，甲は，乙の定款・業務方法書・規約・債務保証要項ならびに乙と締結した債務保証に関する基本契約及びこの契約又は乙の指示するところにより当該委託事務を処理するものとする。

1. 債務保証委託申込書の受理
2. 債務保証委託証書の受理・保管
3. 保証料及び遅延損害金の徴収又は返れい
4. 保証委託者の事業及び財産の状況に関する調査
5. その他被保証債務に関する事項

第2条　甲が乙に代わって徴収した保証料は，甲と乙が別に締結している債務保証料振替決済契約書の定めるところにより支払うものとする。

　② 甲が乙に代わって徴収した遅延損害金は，すみやかに乙へ支払うものとする。

第3条　甲は，乙の保証に係る貸付債権の回収状況に関し，償還状況及び延滞発生・解消状況について毎月分を取りまとめ，翌月15日までに乙に報告する。

第4条　乙は，必要があると認めるときは，いつでも甲の受託事務の処理状況を調査することができる。

第5条　甲は，乙が定めた以外の保証に係る費用を被保証者から徴収してはならない。

第6条　甲は，受託事務を行うために要する経費を負担するものとする。ただし，乙が特別の費用であると認めたときは，その費用の全部又は一部を乙が負担するものとする。

第7条　この契約に疑義を生じたとき，又はこの契約に定めのない事項については，甲乙両者の協議により定めるものとする。
第8条　この契約書は，2通作成し，甲乙において各1通を保有するものとする。

　　平成　　年　　月　　日

　　　　　　　　　　　　甲　　　　　　　　　　　　　㊞

　　　　　　　　　　　　乙　　　　　　　　　　　　　㊞

＜使用方法＞

　農協の貸出金の一部については，県農協信用保証株式会社の保証を徴して貸出が行われるが，その信用保証株式会社の保証に関する事務処理の一部を当該貸出を行う農協に委託するための契約書である。

＜課否判断＞

　不課税

＜理　　由＞

　この文書は，県農協信用保証株式会社の行う保証に関する事務処理の一部（申込書の受付，債務保証委託証書の受理，保管および保証料の徴収など）を，当該貸出を行う農協に委託するための契約書である。

　本件信用保証会社は，農協の貸出金に対する債務保証を主たる業務とするもので金融機関ではないから政令第26条における金融機関の業務の委託には該当せず，この契約文書は単なる委任に関する契約書と認められるので課税文書には該当しない。

印紙税額

番号	課税物件 物件名	課税物件 定義	
1	1 不動産, 鉱業権, 無体財産権, 船舶若しくは航空機又は営業の譲渡に関する契約書 2 地上権又は土地の賃借権の設定又は譲渡に関する契約書 3 消費貸借に関する契約書 4 運送に関する契約書(用船契約書を含む。)	1 不動産には, 法律の規定により不動産とみなされるもののほか, 鉄道財団, 軌道財団及び自動車交通事業財団を含むものとする。 2 無体財産権とは, 特許権, 実用新案権, 商標権, 意匠権, 回路配置利用権, 商号及び著作権をいう。 3 運送に関する契約書には, 乗車券, 乗船券, 航空券及び運送状を含まないものとする。 4 用船契約書には, 航空機の用船契約書を含むものとし, 裸用船契約書を含まないものとする。	
	上記1のうち, 不動産の譲渡に関する契約書で, 平成26年4月1日から平成30年3月31日までの間に作成されるもの		
2	請負に関する契約書	1 請負には, 職業野球の選手, 映画の俳優その他これらに類する者で, 政令で定めるものの役務の提供を約することを内容とする契約を含むものとする。	

印紙税額一覧表

一 覧 表

10万円以下又は10万円以上……10万円は含まれる
10万円を超え又は10万円未満…10万円は含まれない

課 税 標 準 及 び 税 率	非 課 税 物 件
1　契約金額の記載のある契約書 　　次に掲げる契約金額の区分に応じ，1通につき，次に 　　掲げる税率とする。 　　　　　　　　　　10万円以下のもの　　　　200円 　　　10万円を超え　　50万円以下のもの　　　400円 　　　50万円を超え　100万円以下のもの　　1,000円 　　100万円を超え　500万円以下のもの　　2,000円 　　500万円を超え1,000万円以下のもの　　　1万円 　1,000万円を超え5,000万円以下のもの　　　2万円 　5,000万円を超え　　1億円以下のもの　　　6万円 　　　1億円を超え　　5億円以下のもの　　　10万円 　　　5億円を超え　　10億円以下のもの　　　20万円 　　　10億円を超え　　50億円以下のもの　　　40万円 　　50億円を超えるもの　　　　　　　　　　　60万円 2　契約金額の記載のない契約書1通につき　　　200円	1　契約金額の記載のある契約書 　（課税物件表の適用に関する通 　則3イの規定が適用されることに 　よりこの号に掲げる文書となるも 　のを除く。）のうち，当該契約金 　額が1万円未満のもの。
記載された契約金額が 　　　10万円を超え　　50万円以下のもの　　　200円 　　　50万円を超え　100万円以下のもの　　　500円 　　100万円を超え　500万円以下のもの　　1,000円 　　500万円を超え1,000万円以下のもの　　5,000円 　1,000万円を超え5,000万円以下のもの　　　1万円 　5,000万円を超え　　1億円以下のもの　　　3万円 　　　1億円を超え　　5億円以下のもの　　　6万円 　　　5億円を超え　　10億円以下のもの　　　16万円 　　　10億円を超え　　50億円以下のもの　　　32万円 　　50億円を超えるもの　　　　　　　　　　　48万円	
1　契約金額の記載のある契約書 　　次に掲げる契約金額の区分に応じ，1通につき，次に 　　掲げる税率とする。 　　　　　　　　　　100万円以下のもの　　　200円 　　100万円を超え　200万円以下のもの　　　400円 　　200万円を超え　300万円以下のもの　　1,000円 　　300万円を超え　500万円以下のもの　　2,000円 　　500万円を超え1,000万円以下のもの　　　1万円 　1,000万円を超え5,000万円以下のもの　　　2万円 　5,000万円を超え　　1億円以下のもの　　　6万円 　　　1億円を超え　　5億円以下のもの　　　10万円 　　　5億円を超え　　10億円以下のもの　　　20万円 　　　10億円を超え　　50億円以下のもの　　　40万円 　　50億円を超えるもの　　　　　　　　　　　60万円 2　契約金額の記載のない契約書1通につき　　　200円	1　契約金額の記載のある契約書 　（課税物件表の適用に関する通 　則3イの規定が適用されることに 　よりこの号に掲げる文書となるも 　のを除く。）のうち，当該契約金 　額が1万円未満のもの。

番号	課税物件	
	物件名	定義
	上記のうち,建設業法第2条第1項に規定する建設工事の請負に係る契約に基づき作成される契約書で,平成26年4月1日から平成30年3月31日までの間に作成されるもの	
3	約束手形又は為替手形	

課税標準及び税率	非課税物件
記載された契約金額が 　　100万円を超え　　200万円以下のもの　　　200円 　　200万円を超え　　300万円以下のもの　　　500円 　　300万円を超え　　500万円以下のもの　　1,000円 　　500万円を超え　1,000万円以下のもの　　5,000円 　1,000万円を超え　5,000万円以下のもの　　　1万円 　5,000万円を超え　　　　1億円以下のもの　　　3万円 　　　1億円を超え　　　　5億円以下のもの　　　6万円 　　　5億円を超え　　　10億円以下のもの　　16万円 　　10億円を超え　　　50億円以下のもの　　32万円 　50億円を超えるもの　　　　　　　　　　　　48万円	
1　下記の2に掲げる手形以外の手形 　次に掲げる手形金額の区分に応じ、1通につき、次に掲げる税率とする。 　　　　　　　　　　　100万円以下のもの　　　200円 　　　100万円を超え　200万円以下のもの　　　400円 　　　200万円を超え　300万円以下のもの　　　600円 　　　300万円を超え　500万円以下のもの　　1,000円 　　　500万円を超え　1,000万円以下のもの　　2,000円 　1,000万円を超え　2,000万円以下のもの　　4,000円 　2,000万円を超え　3,000万円以下のもの　　6,000円 　3,000万円を超え　5,000万円以下のもの　　　1万円 　5,000万円を超え　　　1億円以下のもの　　　2万円 　　　1億円を超え　　　2億円以下のもの　　　4万円 　　　2億円を超え　　　3億円以下のもの　　　6万円 　　　3億円を超え　　　5億円以下のもの　　10万円 　　　5億円を超え　　10億円以下のもの　　15万円 　10億円を超えるもの　　　　　　　　　　　　20万円 2　次に掲げる手形 　　　　　　　　　　　　　　　　　　1通につき200円 イ　一覧払の手形(手形法(昭和7年法律第20号)第34条第2項(一覧払の為替手形の呈示開始期日の定め)(同法第77条第1項第2号(約束手形への準用)において準用する場合を含む。)の定めをするものを除く。) ロ　日本銀行又は銀行その他政令で定める金融機関を振出人及び受取人とする手形(振出人である銀行その他当該政令で定める金融機関を受取人とするものを除く。) ハ　外国通貨により手形金額が表示される手形	1　手形金額が10万円未満の手形 2　手形金額の記載のない手形 3　手形の複本又は謄本

番号	課税物件 物件名	定義
4	株券,出資証券若しくは社債券又は投資信託,貸付信託,特定目的信託もしくは受益証券発行信託の受益証券	1　出資証券とは,相互会社(保険業法(平成7年法律第105号)第2条第5項(定義)に規定する相互会社をいう。以下同じ。)の作成する基金証券及び法人の社員又は出資者たる地位を証する文書をいう。 2　社債券には,特別の法律により法人の発行する債券及び相互会社の社債券を含むものとする。
5	合併契約書又は吸収分割契約書若しくは新設分割計画書	1　合併契約書とは,会社法(平成17年法律第86号)第748条(合併契約の締結)に規定する合併契約(保険業法第159条第1項(相互会社と株式会社の合併)に規程する合併契約を含む)を証する文書(当該合併契約の変更又は補充の事項を証するものを含む)をいう。 (以下省略)
6	定款	1　定款は,会社(相互会社を含む。)の設立のときに作成される定款の原本に限るものとする。

印紙税額一覧表

課税標準及び税率	非課税物件
ニ 外国為替及び外国貿易法第6条第1項第6号(定義)に規定する非居住者の本邦にある同法第16条の2(支払等の制限)に規定する銀行等(以下この号において「銀行等」という。)に対する本邦通貨をもって表示される勘定を通ずる方法により決済される手形で政令で定めるもの ホ 本邦から貨物を輸出し又は本邦に貨物を輸入する外国為替及び外国貿易法第6条第1項第5号(定義)に規定する居住者が本邦にある銀行等を支払人として振り出す本邦通貨により手形金額が表示される手形で政令で定めるもの ヘ ホに掲げる手形及び外国の法令に準拠して外国において銀行業を営む者が本邦にある銀行等を支払人として振り出した本邦通貨により手形金額が表示される手形で政令で定めるものを担保として、銀行等が自己を支払人として振り出す本邦通貨により手形金額が表示される手形で政令で定めるもの	
次に掲げる券面金額(券面金額の記載のない証券で株数(端株券にあっては、端株の1株に対する割合。以下この号において同じ。)又は口数の記載のあるものにあっては、1株又は1口につき政令で定める金額に当該株数又は口数を乗じて計算した金額)の区分に応じ、1通につき、次に掲げる税率とする。 　　　　　　　500万円以下のもの　　　　200円 500万円を超え1,000万円以下のもの　1,000円 1,000万円を超え5,000万円以下のもの　2,000円 5,000万円を超え　1億円以下のもの　　1万円 1億円を超えるもの　　　　　　　　　2万円	1　日本銀行その他特別の法律により設立された法人で政令で定めるものの作成する出資証券(協同組織金融機関の優先出資に関する法律(平成5年法律第44号)に規定する優先出資証券を除く。)(注1) 2　受益権を他の投資信託の受託者に取得させることを目的とする投資信託の受益証券で政令で定めるもの。
1通につき　　　　　　　　　　　　　4万円	(注2)
1通につき　　　　　　　　　　　　　4万円	1　株式会社、又は相互会社の定款のうち、公証人法第62条ノ3第3項(定款の認証手続)の規定により公証人の保存するもの以外のもの

(注1) 農協、漁協、森組、農林中金の出資証券は非課税
(注2) 農協の合併契約書は課税物件でない。

番号	課税物件 物件名	課税物件 定義	
7	継続的取引の基本となる契約書(契約期間の記載のあるもののうち,当該契約期間が3月以内であり,かつ,更新に関する定めのないものを除く。)	1 継続的取引の基本となる契約書とは,特約店契約書,代理店契約書,銀行取引約定書その他の契約書で,特定の相手方との間に継続的に生ずる取引の基本となるもののうち,政令で定めるものをいう。	
8	預貯金証書		
9	貨物引換証,倉庫証券又は船荷証券	1 貨物引換証又は船荷証券には,商法第571条第2項(貨物引換証)の記載事項又は同法第769条(船荷証券)若しくは国際海上物品運送法(昭和32年法律第172号)第7条(船荷証券)の記載事項の一部を欠く証書で,これらの証券と類似の効用を有するものを含むものとする。 2 倉庫証券には,預証券,質入証券および倉荷証券のほか,商法第599条(預証券等)の記載事項の一部を欠く証書で,これらの証券と類似の効用を有するものを含むものとし,農業倉庫証券及び連合農業倉庫証券を含まないものとする。	
10	保険証券	1 保険証券とは,保険証券その他名称のいかんを問わず,保険法第6条第1項,第40条第1項又は第69条第1項その他の法令の規定により,保険契約に係る保険者が当該保険契約を締結したときに当該保険契約に係る保険契約者に対して交付する書面(当該保険契約者からの再交付の請求により交付するものを含み,保険業法第3条第5項第3号に掲げる保険に係る保険契約その他政令で定める保険契約に係るものを除く)をいう。	
11	信用状		
12	信託行為に関する契約書	1 信託行為に関する契約書には,信託証書を含むものとする。	

印紙税額一覧表

課税標準及び税率	非課税物件
1通につき　　　　　　　　4,000円	
1通につき　　　　　　　　200円	1　信用金庫その他政令で定める金融機関の作成する預貯金証書で,記載された預入額が1万円未満のもの (注3)
1通につき　　　　　　　　200円	1　船荷証券の謄本
1通につき　　　　　　　　200円	
1通につき　　　　　　　　200円	
1通につき　　　　　　　　200円	

(注3) 農協の作成する預貯金証書も該当。

番号	課税物件 物件名	定義
13	債務の保証に関する契約書(主たる債務の契約書に併記するものを除く。)	
14	金銭又は有価証券の寄託に関する契約書	
15	債権譲渡又は債務引受けに関する契約書	
16	配当金領収証又は配当金振込通知書	1　配当金領収証とは,配当金領収書その他名称のいかんを問わず,配当金の支払を受ける権利を表彰する証書又は配当金の受領の事実を証するための証書をいう。 2　配当金振込通知書とは,配当金振込票その他名称のいかんを問わず,配当金が銀行その他の金融機関にある株主の預貯金口座その他の勘定に振込みである旨を株主に通知する文書をいう。
17	1　売上代金に係る金銭又は有価証券の受取書 2　金銭又は有価証券の受取書で1に掲げる受取書以外のもの	1　売上代金に係る金銭又は有価証券の受取書とは,資産を譲渡し若しくは使用させること(当該資産に係る権利を設定することを含む。)又は役務を提供することによる対価〔手付けを含み,金融商品取引法(昭和23年法律第25号)第2条(定義)に規定する有価証券その他これに準ずるもので政令で定めるものの譲渡の対価,保険料その他政令で定めるものを除く。以下「売上代金」という。〕として受け取る金銭又は有価証券の受取書をいい,次に掲げる受取書を含むものとする。 イ　当該受取書に記載されている受取金額の一部に売上代金が含まれている金銭又は有価証券の受取書及び当該受取金額の全部又は一部が売上代金であるかどうかが当該受取書の記載事項により明らかにされていない金銭又は有価証券の受取書

印紙税額一覧表

課税標準及び税率	非課税物件
1通につき　　　　　　　　　　　　200円	1　身元保証ニ関スル法律（昭和8年法律第42号）に定める身元保証に関する契約書
1通につき　　　　　　　　　　　　200円	
1通につき　　　　　　　　　　　　200円	1　契約金額の記載のある契約書のうち、当該契約金額が1万円未満のもの
1通につき　　　　　　　　　　　　200円	1　記載された配当金額が3,000円未満の証書又は文書
1　売上代金に係る金銭又は有価証券の受取書で受取金額の記載のあるもの 　次に掲げる受取金額の区分に応じ、1通につき、次に掲げる税率とする。 　　　　　　　　100万円以下のもの　　　　200円 　100万円を超え　200万円以下のもの　　　　400円 　200万円を超え　300万円以下のもの　　　　600円 　300万円を超え　500万円以下のもの　　　1,000円 　500万円を超え　1,000万円以下のもの　　2,000円 　1,000万円を超え　2,000万円以下のもの　　4,000円 　2,000万円を超え　3,000万円以下のもの　　6,000円 　3,000万円を超え　5,000万円以下のもの　　　1万円 　5,000万円を超え　　1億円以下のもの　　　2万円 　1億円を超え　　2億円以下のもの　　　4万円 　2億円を超え　　3億円以下のもの　　　6万円 　3億円を超え　　5億円以下のもの　　　10万円 　5億円を超え　10億円以下のもの　　　15万円 　10億円を超えるもの　　　　　　　　　　20万円 2　1に掲げる受取書以外の受取書 　　　　　1通につき　　　　　　　　　　200円	1　記載された受取金額が5万円未満の受取書 2　営業（会社以外の法人で、法令の規定又は定款の定めにより利益金又は剰余金の配当又は分配をすることができることとなっているものが、その出資者以外の者に対して行う事業を含み、当該出資者がその出資をした法人に対して行う営業を除く。）に関しない受取書 （注4） 3　有価証券又は第8号、第12号、第14号若しくは前号に掲げる文書に追記した受取書

（注4）農協と組合員、県連と農協との間の取引は営業に関しないものに該当する。

番号	課税物件 物件名	課税物件 定義	
		ロ 他人の事務の委託を受けた者(以下この欄において「受託者」という。)が当該委託をした者(以下この欄において「委託者」という。)に代わって売上代金を受け取る場合に作成する金銭又は有価証券の受取書(銀行その他の金融機関が作成する預貯金口座への振込金の受取書その他これに類するもので政令で定めるものを除く。ニにおいて同じ。) ハ 受託者が委託者に代わって受け取る売上代金の全部又は一部に相当する金額を委託者が受託者から受け取る場合に作成する金銭又は有価証券の受取書 ニ 受託者が委託者に代わって支払う売上代金の全部又は一部に相当する金額を委託者から受け取る場合に作成する金銭又は有価証券の受取書	
18	預貯金通帳,信託行為に関する通帳,銀行若しくは無尽会社の作成する掛金通帳,生命保険会社の作成する保険料通帳又は生命共済の掛金通帳	1 生命共済の掛金通帳とは,農業協同組合その他の法人が生命共済に係る契約に関し作成する掛金通帳で,政令で定めるものをいう。	
19	第1号,第2号,第14号,又は第17号に掲げる文書により証されるべき事項を付け込んで証明する目的をもって作成する通帳(前号に掲げる通帳を除く。)		
20	判取帳	1 判取帳とは,第1号,第2号,第14号,又は第17号に掲げる文書により証されるべき事項につき2以上の相手方から付込証明を受ける目的をもって作成する帳簿をいう。	

課税標準及び税率	非課税物件
1冊につき　　　　　　　　　200円	1　信用金庫その他政令で定める金融機関の作成する預貯金通帳（**注5**） 2　所得税法第9条第1項第2号（非課税所得）に規定する預貯金に係る預貯金通帳その他政令で定める普通預金通帳
1冊につき　　　　　　　　　400円	
1冊につき　　　　　　　　4,000円	

（注5）農協の作成する貯金通帳は非課税。

《著者紹介》
松本　繁雄（まつもと・しげお）
　昭和30年早稲田大学政治経済学部卒業。
　昭和50年税理士試験合格，税理士登録。
　農林中央金庫勤務を経て，
　現在，㈱協同セミナー講師。

本田　純二（ほんだ・じゅんじ）
　国税庁消費税課課長補佐，
　新宿税務署長等を経て税理士登録。
　現在，㈱協同セミナー講師。

印紙税取扱いマニュアル　最新版

昭和60年6月　　　　　旧版発行
平成2年3月12日　　　改訂版発行
平成22年10月22日　　改訂11版発行
平成26年8月6日　　　最新版発行

著　者────────松本繁雄　本田純二
発行者────────福地　健
発行所────────株式会社　近代セールス社
　　　　　　　　　〒164-8640　東京都中野区中央1-13-9
　　　　　　　　　電話：03-3366-5701　　FAX：03-3366-2706
印刷・製本──────株式会社　三友社
カバーデザイン────井上　亮
編集─────────飛田浩康

ⓒ2014 Shigeo Matsumoto, Junji Honda
本書の一部あるいは全部を無断で複写・複製あるいは転写することは，法律で定められた場合を除き著作権の侵害になります。
ISBN 978-4-7650-1248-5